21世纪高等学校计算机规划教材

21st Century University Planned Textbooks of Computer Science

大学计算机基础实践教程
（Windows 7+Office 2010）

The Practice for Fundamental of College Computer

朱昌杰 肖建于 编著

高校系列

人民邮电出版社
北京

图书在版编目（ＣＩＰ）数据

大学计算机基础实践教程：Windows 7+Office 2010/
朱昌杰，肖建于编著. -- 北京：人民邮电出版社，
2015.8（2019.8重印）
 21世纪高等学校计算机规划教材. 高校系列
 ISBN 978-7-115-39304-3

Ⅰ. ①大… Ⅱ. ①朱… ②肖… Ⅲ. ①Windows操作系
统－高等学校－教材②办公自动化－应用软件－高等学校
－教材 Ⅳ. ①TP316.7②TP317.1

中国版本图书馆CIP数据核字(2015)第152477号

内 容 提 要

　　本书是朱昌杰、肖建于编著的《大学计算机基础（Windows 7+Office 2010)》的配套实践教材。
全书共分三部分，第一部分为培养学生计算机应用能力的 21 个实验，采用案例方式叙述，按零起点
设计，内容涵盖计算机基本操作、Windows 7 基本操作、Office 2010 办公软件基本操作和网络技术
基本应用等。第二部分为教材习题及参考答案。第三部分为附录，收集了全国高等学校（安徽考区）
计算机水平考试《计算机应用基础》教学（考试）大纲以及 Windows 常用快捷键。

　　本书内容极具实用性，讲解详细清晰，适合作为高等学校计算机基础课程的实验指导教材，也
可作为办公自动化人员的自学参考书。

◆ 编　　著　朱昌杰　肖建于
　　责任编辑　刘　博
　　责任印制　沈　蓉　彭志环

◆ 人民邮电出版社出版发行　　北京市丰台区成寿寺路 11 号
　　邮编　100164　电子邮件　315@ptpress.com.cn
　　网址　http://www.ptpress.com.cn
　　北京鑫正大印刷有限公司印刷

◆ 开本：787×1092　1/16
　　印张：9.25　　　　　　　　　2015 年 8 月第 1 版
　　字数：235 千字　　　　　　　2019 年 8 月北京第 10 次印刷

定价：24.00 元
读者服务热线：(010)81055256　印装质量热线：(010)81055316
反盗版热线：(010)81055315
广告经营许可证：京东工商广登字 20170147 号

前　言

　　本书是与《大学计算机基础（Windows 7+Office 2010）》（朱昌杰、肖建于编著）相配套的辅助教材，也是根据教育部提出的"大学计算机教学基本要求"和最新的全国高等学校（安徽考区）计算机水平考试《计算机应用基础》教学（考试）大纲组织编写的高等院校计算机公共基础课实践教程。

　　本书的软件版本：Windows 7 和 Office 2010。

　　本书的教学目标：使大学生熟练掌握计算机技术和信息技术的基础理论和基本知识，熟练掌握计算机的基本操作和基本应用，在学习和工作中能熟练应用办公软件，基本掌握网络知识和网络应用技能。通过对本课程的学习，学生不仅能适应计算机技术的飞速发展，而且也能运用所学的知识解决学习和工作中遇到的问题。

　　本书的特点：内容层次清晰，由浅入深，循序渐进，有较强的可读性和可操作性；强调计算机基础的实践教学；在编写过程中，注重教学内容的系统性和完整性，考虑各个知识点的联系、渗透，着重加强学生基础理论、基本操作技能和解决实际问题能力的有机结合。

　　本书共分三部分，具体内容如下。

　　第一部分：上机实训。该部分安排了 21 个实训，编写时注重教学实用性与应用能力开发，加强技能训练，提高应用能力。每个实训包括：实训目的、实训内容和步骤、实训练习 3 个部分。内容涵盖计算机基本操作、Windows 7 基本操作、Office 2010 办公软件基本操作和网络技术基本应用，便于学生自主练习。

　　第二部分：强化练习。该部分收集了与本书配套的主教材的全部习题，并给出了参考答案，便于学生巩固学习效果，同时又使本书自成体系。

　　第三部分：附录。该部分收集了全国高等学校（安徽考区）计算机水平考试《计算机应用基础》教学（考试）大纲以及 Windows 常用快捷键。

　　本书由朱昌杰、肖建于编著，参加编写工作的还有胡国亮、张震、赵兵、郑颖、赵娟等老师。

　　由于时间仓促和水平有限，书中难免存在一些不妥之处，请广大读者批评指正。

编　者
2015 年 5 月

目　录

第一部分　上机实训

第二部分　强化练习

第三部分　附　录

第一部分
上机实训

一、实训目的

1. 了解计算机组成及各部分的作用。
2. 掌握正确的开机/关机步骤。
3. 掌握鼠标的使用。
4. 熟悉键盘结构，熟记各键的位置及常用键、组合键的功能。
5. 使用打字软件培养正确的键盘操作姿势和基本指法。

二、实训内容和步骤

1. 认识微型计算机（简称微机）的硬件构成

观察主机箱、显示器、键盘和鼠标的结构特点，着重熟悉主机面板的电源开关【Power】键、电源指示灯和硬盘工作指示灯，如图 1-1 所示。

图 1-1　微机的外观

2. 使用正确的方法开启计算机，能启动 Windows 7 进入系统桌面

（1）冷启动。计算机加电启动就是冷启动，在一般情况下，计算机硬件设备中需要加电的设备有显示器和主机。开机过程中，正确的开机顺序是：先开显示器，再开主机。

等待数秒后，出现 Windows 7 的桌面，表示启动成功。

（2）热启动。在计算机已加电的情况下重新启动计算机称为热启动。常用的操作方式有如下几种。

方式一：关闭所有窗口后，按【Alt+F4】组合键，将弹出"关闭 Windows"对话框，在该对话框中单击关机组合框中的"重新启动"项，如图 1-2 所示。

方式二：单击"开始"按钮，在弹出的"开始"菜单中选择"关闭"命令右侧列表框中的"重新启动"按钮。

3. 使用正确的方法退出 Windows 7 并关闭计算机

退出操作系统、关机过程的要求与开机过程正好相反：先关主机，再关显示器。

具体操作步骤如下。

① 关闭任务栏中所有已经打开的任务。

② 单击"开始"按钮，在弹出的菜单中选择"关机"命令。

在正常的情况下，系统会自动切断主机电源。在异常的情况下，系统不能自动关闭，此时可以选择强行关机。具体的做法是：按下主机电源按钮不放手，持续 7s 左右，即可断电，强行关闭主机。

③ 关闭显示器电源。

4. 掌握鼠标的基本操作

鼠标是 Windows 操作系统环境下操作计算机的一个重要工具。鼠标上通常有两个键：左键和右键，有些鼠标上还带有一个滚轮，如图 1-3 所示。

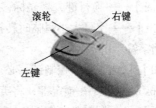

图 1-2 Windows 7 的关机界面　　　　　　　　　　图 1-3 常用鼠标的外观

鼠标的基本操作如下。

（1）移动。在不按任何鼠标键的情况下移动鼠标。移动操作的目的是使屏幕上表示鼠标的指针指向要操作的对象或位置。

（2）指向。把鼠标移动到某一对象上，一般可以用于激活对象或显示提示信息。

（3）单击。在鼠标指针指向操作对象或操作位置后，敲击鼠标左键，用于选定某个对象或某个选项、按钮等。

（4）双击。在鼠标指针指向操作对象或操作位置后，连续两次快速地敲击鼠标左键，用于启动程序或窗口。

（5）右击。在鼠标指针指向操作对象或操作位置后，敲击鼠标右键，一般会弹出对象的快捷菜单或帮助提示。

（6）拖曳。可以分为左拖曳和右拖曳。

① 左拖曳。在鼠标指针指向操作对象或操作位置后，按住鼠标左键不放并移动鼠标，常用于滚动条操作、标尺滑块操作或复制、移动对象操作。

② 右拖曳。在鼠标指针指向操作对象或操作位置后，按住鼠标右键不放并移动鼠标，常用

于移动、复制或创建快捷方式。

（7）滚动。对带有滚轮的鼠标，可以上下滚动滚轮。滚动操作通常用来浏览窗口中的内容。

5. 熟悉键盘结构，熟记各键的位置及常用键、组合键的功能

键盘是最常用的，也是最基本的输入设备，通过键盘可以把英文字母、数字、中文文字、标点符号等输入计算机，从而可以对计算机发出指令，进行操作。

以标准键盘为例，通常由 5 部分组成：主键盘区、数字键区、功能键区、控制键区和一个状态指示灯区，如图 1-4 所示。请读者对照实物键盘，熟记键盘的各个功能区。

图 1-4　键盘的功能分区

对于一般用户，键盘主要是用来打字。因此，最主要的是熟悉字符键盘区（主键盘区）各个键的用处。字符键盘区包括 26 个英文字母、10 个阿拉伯数字及一些特殊符号，还包含一些功能键。

【BackSpace】——后退键，删除光标前一个字符。

【Enter】——换行键，将光标移至下一行首。

【Shift】——字母大小写临时转换键，键面上有两个字符的按键与【Shift】键同时按下，输入的是上挡字符。

【Ctrl】、【Alt】——控制键，必须与其他键一起使用。

【Caps Lock】——锁定键，将英文字母锁定为大写状态。

【Tab】——跳格键，将光标右移到下一个跳格位置。

空格键——输入一个空格。

功能键区【F1】~【F12】的功能根据具体的操作系统或应用程序而定。

编辑控制键区中包括插入字符键【Ins】、删除当前光标位置的字符键【Delete】、将光标移至行首的【Home】键和将光标移至行尾的【End】键、向上翻页的【Page Up】键和向下翻页的【Page Down】键，以及上下左右方向键。

数字小键盘区有 10 个数字键，可用于连续输入数字和大量输入数字的情况，如在财会的输入方面。另外，五笔字型中的五笔画输入也使用小键盘。使用小键盘输入数字时，先按下【Num Lock】键，使对应的指示灯亮起。

6. 掌握正确的打字姿势和手指基本操作，利用打字软件进行指法练习

（1）键盘操作的正确姿势。

① 身体保持端正，两脚平放。

② 两臂自然下垂，两肘贴于腋边，肘关节呈垂直弯曲状。

③ 手指稍微倾斜放于键盘上，利用手腕的力量轻轻敲击键盘。

④ 打字文稿放在键盘左边，或用专用夹，夹在显示器旁边。力求盲打，即打字时眼观文稿，不看键盘。

（2）手指的基本操作。

准备打字时，除拇指外，其余的 8 个手指稍微弯曲，分别放在 8 个基本键上，拇指放在空格键上，做到十指分工明确，包键到指。基本键位如图 1-5 所示，十个手指各自负责的键位如图 1-6 所示。

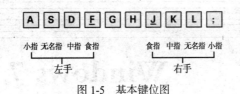

图 1-5　基本键位图

图 1-6　键位手指分工图

（3）利用打字软件进行指法练习。

目前，比较常用的打字软件是"金山打字通"。金山打字通（TypeEasy）是金山公司推出的一款教育软件，是一款功能齐全、数据丰富、界面友好、集打字练习和测试于一体的打字软件。"金山打字通 2013"主界面如图 1-7 所示。

图 1-7　"金山打字通 2013"的操作主界面

三、实训练习

1．了解计算机各个组成部分，掌握它们的启动方法。

2．启动计算机，观察中文 Windows 7 程序的启动过程。

3．通过"开始"→"所有程序"→"游戏"→"扫雷"命令，运行"扫雷"游戏，练习鼠标的单击、双击和右击等操作；运行"蜘蛛纸牌"游戏，练习鼠标的单击、拖曳等操作。

4．运行"金山打字通 2013"程序，进行键盘练习，掌握中英文输入的方法。

实训 2
Windows 7 基本操作

一、实训目的

1. 了解 Windows 桌面的组成，掌握桌面对象的排列方法。
2. 了解任务栏的组成，掌握任务栏的相关操作。
3. 掌握一种汉字输入法。
4. 掌握英文、数字、汉字、全/半角字符、图形符号和标点符号的输入方法。

二、实训内容和步骤

1. 认识 Windows 桌面，掌握桌面对象的排列方法和任务栏的相关操作。

（1）启动 Windows 7 程序，出现桌面。

桌面由桌面图标、任务栏和桌面背景组成。桌面背景是屏幕上主体部分显示的图像，它可以根据用户需要变换，其作用是美化屏幕。桌面图标由一个可以反映对象类型的图片和相关的文字说明组成，每个图标可以代表某一个工具、程序或文件等。任务栏一般位于桌面底部，应该包括："开始"菜单、快速启动栏、应用程序栏和通知区域。

（2）将桌面上的图标分别"按名称""按大小""按项目类型""按修改日期"排列。

具体操作步骤如下。

① 在桌面空白处右击，弹出快捷菜单，如图 2-1 左侧所示。

② 鼠标指向快捷菜单中的"排序方式"命令，出现排列方式级联菜单，如图 2-1 右侧所示。通过鼠标选择"名称""大小""项目类型"和"修改日期"排列方式即可。

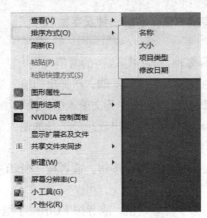

图 2-1　"排序方式"菜单

（3）将桌面上的"计算机""网络"和"回收站"图标移动到桌面右侧。

2．将任务栏移动到屏幕的左侧、右侧和顶部；隐藏当前工具栏，最后增加任务栏的高度。

（1）移动任务栏。

具体操作步骤如下。

① 在任务栏的空白处右击，弹出"任务栏"快捷菜单，如图 2-2 所示。选择"锁定任务栏"命令取消锁定。

② 将鼠标指向任务栏空白区域，拖动鼠标，可将任务栏拖动到桌面的左侧、右侧或顶部。

（2）隐藏任务栏。

具体操作步骤如下。

① 在"任务栏"快捷菜单（见图 2-2）中选择"属性"命令。

图 2-2　窗口的自动排列

② 在弹出的"任务栏和「开始」菜单属性"对话框中选择"任务栏"选项卡，选中"自动隐藏任务栏"复选框，再单击 "确定"按钮即可。

此时，任务栏在桌面屏幕上不可见，当鼠标指针移至任务栏所在的位置时，任务栏出现在屏幕窗口，移开鼠标，任务栏即隐藏。

（3）更改任务栏的大小。

① 在任务栏的空白处右击，弹出"任务栏"快捷菜单，如图 2-2 所示。选择"锁定任务栏"命令取消锁定。

② 将鼠标指向任务栏边缘，光标变为双向箭头。

③ 向上拖动鼠标，则任务栏高度增加；向下拖动鼠标，则任务栏不可见。

3. 熟悉输入法的启动及转换方法，掌握一种汉字输入方法。

（1）输入法的转换。

Windows 7 提供的输入法有多种，各种输入法的常用转换方法有以下 3 种。

① 单击任务栏通知区域中的输入法指示器▦，在弹出的输入法列表中可选择所需输入法。

② 按【Ctrl+Space】组合键，可以实现中英文输入的转换。

③ 反复按几次【Ctrl+Shift】组合键直至出现想要选择的输入法。

（2）全角/半角和中英文标点的转换。

① 单击输入法状态条上的半月形或圆形按钮，或者按【Shift+Space】组合键都可以实现半角/全角字符之间的转换。

② 单击输入法状态条上的标点符号按钮，或者按【Ctrl+.】组合键均可以实现中英文标点的转换。

（3）特殊字符的输入。

常用的方法有以下两种。

单击输入法状态条上的软键盘按钮，在弹出的菜单中选择"特殊符号"命令，弹出的键盘图样中分布着当前类别中的所有字符，如图 2-3 所示。在键盘相应位置上敲击按键，即输入特殊字符。最后单击输入法状态条上的软键盘按钮，关闭软键盘回到正常的输入状态。

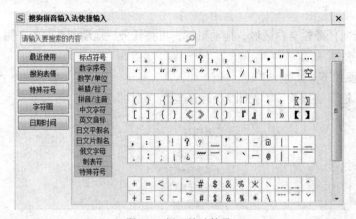

图 2-3　插入特殊符号

4. 打开"记事本"应用程序窗口，在"记事本"窗口内输入一些文字，练习完毕关闭"记事本"窗口，不要保存文件。

输入内容可自选，要输入汉字，键盘应处于小写状态，并且确保输入法状态框处于中文输入状态。在大写状态下不能输入汉字，利用【CapsLock】键可以切换大、小写状态。单击输入法状态框最左端的"中文/英文"输入按钮可以切换中文、英文输入。

标点符号：　　。　　，　　、　　；　　…　～　　〖　　【　　《　　『

数学符号：　　≈　　≠　　≤　　≮　　∷　　±　　÷　　∫　　Σ　　Π

特殊符号：　　§　　№　　☆　　★　　○　　●　　◎　　◇　　◆　　※

具体操作步骤如下。

① 通过"开始"→"所有程序"→"附件"→"记事本"命令新建一个记事本文件。

② 单击任务栏右侧通知区域的输入法指示器，在输入法列表中选择一种汉字输入法（如"搜狗拼音输入法"或"智能 ABC 输入法"）。

③ 按照题目要求将输入内容输入记事本中。

④ 输入完毕后，关闭记事本但不保存文件。

三、实训练习

1．正确启动 Windows 7 程序，了解 Windows 7 桌面的各个组成部分：桌面背景、图标、"开始"菜单和任务栏。

2．将桌面上的"计算机"图标移至屏幕右上角，再对桌面图标按名称、大小、项目、类型排列，观察不同的排列效果。

3．将任务栏放到屏幕顶部，并且将其隐藏起来。

4．为 Windows 7 添加一种新的中文输入法，掌握各种输入法转换的方法。

5．打开"记事本"窗口，输入下面内容，熟练掌握中英文输入法。

① 汉字输入编码方案中的区位码属于（A）类编码。

A．数字　　　　　　　B．字音　　　　　　　C．字形　　　　　　　D．混合

② 全角字符在存储和输出时要占用（C）个标准字符位。（单项选择题）

A．0.5　　　　　　　B．1　　　　　　　C．2　　　　　　　D．4

③ 使用组合键（D）可以实现中英文输入的快速切换。

A．【Ctrl+Shift】　　　　　　　　　B．【Alt+Shift】

C．【Shift+Space】　　　　　　　　D．【Ctrl+Space】

实训 3
Windows 7 窗口操作

一、实训目的

1. 认识"计算机"和资源管理器。
2. 熟悉 Windows 7 的窗口界面，熟练掌握窗口的基本操作。
3. 熟悉资源管理器窗口的组成，掌握资源管理器的使用方法。

二、实训内容和步骤

1. 双击"计算机"图标，打开"计算机"窗口，熟悉 Windows 7 窗口并进行下列操作。

（1）打开"计算机"窗口，了解窗口的基本组成。

在桌面上双击"计算机"图标，即可打开窗口，如图 3-1 所示。

（2）分别打开该窗口中的"文件""编辑""查看"菜单，记录窗口的组成和"文件"菜单中的菜单项。对于有组合键的命令，记录其对应的组合键。

在打开的"计算机"窗口（见图 3-1）中，分别单击菜单栏中的"文件""编辑"和"查看"菜单，即可以打开对应菜单观察其中的菜单项。

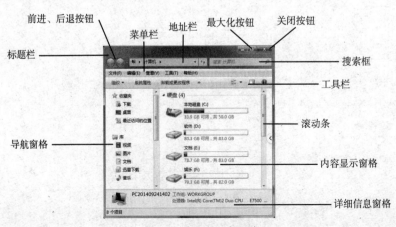

图 3-1　窗口的一般组成

2. 先后打开"计算机"窗口、"网络"窗口、"回收站"窗口并将打开的 3 个窗口分别按"堆叠显示窗口""并排显示窗口"和"层叠窗口"方式进行排列，然后最小化所有窗口。关闭所有窗口，进行注销，再重新进入系统。

具体操作步骤如下。

① 先后双击"计算机""网络"和"回收站"图标，分别打开 3 个窗口。

② 任务栏的空白处右击，弹出"任务栏"快捷菜单（见图 3-2），在快捷菜单中选择所需的多窗口的排列方式即可。

③ 分别单击各窗口的"最小化"按钮，将其最小化于任务栏，然后分别单击各窗口的"关闭"按钮关闭这些窗口。

图 3-2 窗口的自动排列

④ 单击"开始"按钮，选择"注销"命令，在"注销 Windows"界面中单击"注销"按钮，如图 3-3 所示。由此回到操作系统的登录界面，通过登录重新进入系统。

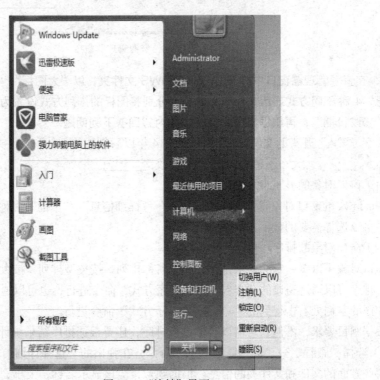

图 3-3 "注销"界面

3. 打开资源管理器窗口，再将资源管理器窗口最大化，适当调整左右窗口的大小，了解资源管理器窗口的组成。

Windows 的资源管理器可以通过下列途径之一启动。

（1）利用"开始"→"所有程序"→"附件"→"Windows 资源管理器"启动。

（2）右击"开始"按钮，在"开始"按钮的快捷菜单中选择"Windows 资源管理器"命令。

（3）按【Windows+E】组合键

图 3-4 为资源管理器窗口。与文件夹窗口相比，Windows 的资源管理器窗口左边是一个显示文件夹结构的窗格。这个窗格称为文件夹窗格，通过其中的树形结构能够查看整个计算机系统的组织结构以及所有访问路径的详细内容。

图 3-4　资源管理器窗口

4. 在资源管理器窗口中打开 C:\WINDOWS 文件夹，以"大图标""小图标""列表""详细信息"4 种不同方式显示文件和文件夹，分别将图标的排列方式设置为"名称""大小""类型""修改日期"，再根据当前文件夹中的内容回答下列问题。

以字母"A"开头的文件数：_____；2014 年以后创建的文件和文件夹数：_____；文本文件的数目：_____ ；大小不超过 2KB 的文件数：_____。

（1）窗口对象的显示。

Windows 的窗口对象有"图标""列表""详细信息""平铺"多种显示方式。在"查看"菜单中可以选择需要的显示方式。

（2）窗口对象的排序。

窗口对象可以按一定的要求排序，如按名称排列、按类型排列、按大小排列、按日期排列，等等。排序可以通过窗口的"查看"→"排序方式"命令进行，也可以通过窗口快捷菜单（在窗口工作区的空白处右击得到的菜单）的"排序方式"命令进行。

根据题目要求，不但要对窗口对象进行排序，还要根据排序结果统计，操作步骤如下。

① 选择"查看"→"选择详细信息"命令，在弹出的"选择详细信息"对话框中设置需要显示哪些方面的文件和文件夹的信息。根据题意，应该显示名称、大小、类型和创建日期 4 个方面的详细信息，如图 3-5 所示。

图 3-5　显示窗口对象的详细信息

② 选择"详细信息"方式显示窗口对象，结果如图 3-6 所示。

单击可以排序显示

图 3-6　"详细信息"方式下排序操作

③ 按照题目要求，分别单击窗口工作区顶部的信息类别名称，将窗口对象依次按照"名称"、"创建日期""类型"和"大小"排列，由此可以方便地统计相关的文件数目，将结果依次填入对应横线上。

三、实训练习

1．打开"计算机"窗口：

（1）练习 Windows 7 的窗口操作：最大化、最小化、还原、移动、改变大小、滚动和关闭。

（2）了解菜单栏上"文件""编辑""查看"等菜单的组成和功能。

2．打开资源管理器窗口：

（1）在左窗格中用文件夹的折叠与打开操作查看各硬盘中文件夹的组成情况。

（2）在右窗格练习选取文件，以不同的显示方式（缩略图、平铺、图标、列表和详细信息）显示文件。

（3）要求显示的文件或文件夹的详细信息包括名称、大小、创建日期、修改日期几个方面，并在"详细信息"方式下按不同的方式排列文件。

3．打开几个应用程序窗口，分别将它们以"层叠""堆叠显示"和"并排显示"方式排列。

实训 4
文件和文件夹操作

一、实训目的

1. 理解文件和文件夹的概念，掌握文件和文件夹的基本操作。
2. 掌握剪贴板和回收站的使用方法。
3. 掌握文件和文件夹的查找方法。
4. 掌握文件夹属性的设置方法。

二、实训内容和步骤

1. 在资源管理器窗口下，打开 C:\Windows 文件夹，完成下列操作。

（1）查看 C:\Windows 文件夹的常规属性，包括：

大小：＿＿＿＿＿；占用空间：＿＿＿＿＿；包含文件数：＿＿＿＿＿；子文件夹数：＿＿＿＿＿；

创建时间：＿＿＿＿＿。

具体操作步骤如下。

① 选择"开始"→"所有程序"→"附件"→"Windows 资源管理器"命令，打开资源管理器窗口，在其左侧导航窗格中打开 C:\Windows 文件夹。

② 右击 C:\Windows 文件夹，在弹出的快捷菜单中选择"属性"命令，弹出的"Windows 属性"对话框中显示了 C:\Windows 文件夹的相关信息，如图 4-1 所示。根据图中信息将结果填入相应的横线上。

图 4-1　C:\Windows 文件夹的相关信息

（2）设置 C:\Windows\Web\tip.htm 文件属性为"隐藏"。

具体操作步骤如下。

① 在左侧导航窗格中单击 C:\Windows\Web 文件夹，在右侧的文件夹内容窗口中找到 tip.htm。

② 右击该文件，在弹出的快捷菜单中选择"属性"命令，在弹出的属性对话框中选中"隐藏"复选框。

（3）在桌面上为 C:\Windows 文件夹创建快捷方式，再将其删除。

具体操作步骤如下。

① 在资源管理器窗口的左侧导航窗格中右击 C:\Windows 文件夹，在弹出的快捷菜单中选择"发送到"命令，在级联菜单中选择"桌面快捷方式"命令即可。

② 右击系统桌面上创建的快捷方式，在弹出的快捷菜单中选择"删除"命令即可。

2. 掌握文件以及文件夹的创建、移动、复制和删除操作，根据要求完成下列操作。

（1）在 D 盘建立名为 USER 的文件夹，并在该文件夹中建立名为 ABC 和 DEF 的文件夹。

新建文件夹的方法如下。

进入 D 盘根目录下，在窗口工作区的空白部分右击，在弹出的快捷菜单中选择"新建"→"文件夹"命令，将新建的文件夹命名为 USER。

打开 USER 文件夹，利用以上方法再建立 ABC 和 DEF 文件夹，结果如图 4-2 所示。

（2）在 ABC 文件夹中建立名为 TEST1.txt 的文本文件。在所建文本文件中输入以下文字内容后保存，输入内容如下。

汉字输入是每个用户应当掌握的一种技能。在中文 Windows 7 中为用户提供了多种汉字输入方法，并且允许每个应用程序拥有不同的输入环境。这样为用户快速、准确地输入中文提供了便利条件。

图 4-2　新建文件夹

具体操作步骤如下。

① 打开 D:\USER\ABC 文件夹，在工作区的空白处右击，在弹出的快捷菜单中选择"新建"→"文本文档"命令，将新建文件命名为 TEST1.txt，如图 4-3 所示。

② 打开 TEST1.txt 文件，在其中输入指定内容，关闭文件，根据提示保存该文件。

图 4-3　新建文本文件

（3）复制 TEST1.txt 文件到桌面上，并将该文件改名为"文件操作练习.txt"，再把 DEF 文件夹移动到 ABC 文件夹下。

① 文件或文件夹的复制。

方法一：在 TEST1.txt 文件上右击，在弹出的快捷菜单中选择"复制"命令，再在桌面空白处右击，在弹出的快捷菜单中选择"粘贴"命令。

方法二：选中 TEST1.txt 文件，按【Ctrl+C】组合键，再在桌面上按【Ctrl+V】组合键。

② 文件和文件夹的重命名。

右击 D:\USER\ABC\TEST1.txt 文件，在弹出的快捷菜单中选择"重命名"命令，将原文件名称改为"文件操作练习.txt"即可。

③ 文件和文件夹的移动。

方法一：在 D:\USER\DEF 文件夹上右击，在弹出的快捷菜单上选择"剪切"命令，再在桌面空白处右击，在弹出的快捷菜单中选择"粘贴"命令。

方法二：选中 D:\USER\DEF 文件夹并按【Ctrl+X】组合键，再在桌面上按【Ctrl+V】组合键。

（4）查看桌面上的 TEST1.txt 文件属性，将其改为只读文件；删除"D:\USER\ABC\文件操作练习.txt"文件，再将桌面上的 TEST1.txt 永久删除。

① 文件属性的查看与修改。

右击文件，在弹出的快捷菜单中选择"属性"命令，弹出"属性"对话框，查看文件的"常规"属性；在"常规"属性中，选中"只读"复选框，可将文件变为只读文件。

② 文件的删除与回收站的使用。

删除文件的方法有很多，常用的有以下几种。

方法一：右击"D:\USER\ABC\文件操作练习.txt"文件，在弹出的快捷菜单中选择"删除"命令，根据提示将文件放入回收站，如图 4-4 所示。

方法二：选中"文件操作练习.txt"文件后按【Delete】键，删除该文件将其放入回收站。

以上方法所做的"删除"均为"回收站删除"，即将所要删除的文件放入"回收站"，并未从计算机中真正删除。

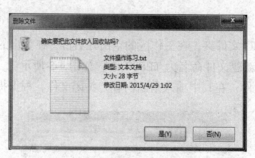

图 4-4　文件删除提示

放入"回收站"中的文件还可以将它们恢复到原来的位置，如图 4-5 所示。在桌面上双击"回收站"图标，在打开的"回收站"窗口中找到刚删除的文件或文件夹，选中它并在窗口左侧链接区域的"回收站任务"中选择"还原此项目"选项，即可将该文件或文件夹恢复到原来的位置。右击该文件或文件夹，在弹出的快捷菜单中选择"还原"命令，也可以将此文件或文件夹恢复。

图 4-5　回收站中文件的恢复

文件的永久删除是指将文件或文件夹真正从计算机中删除，无法将其恢复。常用的方法有两种。

方法一：选中桌面上的 TEST1.txt 文件，按【Shift+Delete】组合键，即可永久删除该文件，如图 4-6 所示。

方法二：将文件先进行回收站删除，在回收站中找到该文件，再进行一次删除即可。

3. 搜索文件或文件夹，完成如下操作。

（1）查找 C 盘上扩展名为.txt 的文件或文件夹。

（2）查找计算机上扩展名为.exe、修改时间在 2015-5-1 之前的文件。

图 4-6　永久删除提示

搜索文件（夹）时，先按【Windows+E】组合键打开 Windows 资源管理器，在界面右上角即可看到搜索框。点击这个搜索框，可以看到一个下拉列表，这里会列出之前的搜索历史和搜索筛选器。在"添加搜索筛选器"文字下方，可以看到蓝色的文字："修改日期""大小"等。输入所需搜索的内容，系统即可在指定范围中查找，并把最终的搜索结果显示在右侧窗口中，如图 4-7 所示。

具体操作步骤如下。

① 单击地址栏旁边的三角形▶导航到指定的 C 盘位置，在搜索器中输入"*.txt"，即可查找扩展名为.txt 的文件。

② 单击地址栏旁边的三角形▶导航到指定的计算机位置，在搜索器中输入"*.exe"，然后单击选中"修改日期"，利用鼠标单击输入 2015-5-1 即可实现。

图 4-7　"搜索结果"窗口

4. 设置或取消下列文件夹的查看选项，并观察其中的区别。

（1）显示所有文件和文件夹。

（2）隐藏受保护的操作系统文件。

（3）隐藏已知文件类型的扩展名。

选择"工具"→"文件夹选项"命令，在弹出对话框的"查看"选项卡中操作，如图 4-8 所示。

图 4-8　"文件夹选项"对话框的"查看"选项卡

三、实训练习

1. 练习 Windows 7 中的文件和文件夹操作。

（1）在 C 盘中创建新文件夹 TEMP。

（2）将 C 盘 WINDOWS 文件夹中所有文件名以 w 开头的.exe 文件复制到 C 盘 TEMP 文件夹中。

（3）将 C 盘中的 TEMP 文件夹移动到桌面上，并复制到 D 盘的 HELLO 文件夹中。

（4）删除 TEMP 文件夹中的全部文件，并将其中文件长度小于 60KB 的文件永久删除。

（5）将 HELLO 文件夹中文件长度最长的文件改名为 LONG.exe，并将它的属性改为"隐藏"。

2. 设置或取消文件夹的查看选项，观察其中的区别。

（1）显示或隐藏属性为"隐藏"的文件和文件夹。

（2）显示或隐藏文件的扩展名。

（3）显示或隐藏标题栏的完整路径。

3. 在 C 盘 WINDOWS 中搜索以 c 开头，文件长度在 50KB～100KB 之间，创建时间在 2014 年以后的文件。

实训 5
系统设置和附件的使用

一、实训目的

1. 了解控制面板的组成与作用。
2. 掌握利用控制面板设置个性化工作环境。
3. 掌握磁盘清理等系统工具的使用方法。
4. 掌握附件中常用应用程序的使用方法。

二、实训内容和步骤

1. **打开"控制面板"窗口，了解控制面板的组成和主要部件的功能。**
启动控制面板的方法有很多，打开后的"控制面板"窗口如图 5-1 所示。
方法一：选择"开始"→"控制面板"命令。
方法二：打开"计算机"窗口后，在窗口左侧的链接区域中选择"打开控制面板"选项。

图 5-1 "控制面板"窗口

2. 按照下列要求设置显示属性。

（1）切换 Windows 7 主题，观察不同的效果。

具体操作步骤如下。

① 在"控制面板"窗口中单击"个性化"图标或在桌面空白处右击，在弹出的快捷菜单中选择"个性化"。

② 单击"桌面背景"，可以在此选项卡下选择不同的 Windows 7 主题，观察不同的主题效果。

（2）选择"三维文字"屏幕保护程序，显示"计算机屏幕保护"，摇摆式旋转，等待时间为1分钟，恢复时返回到欢迎屏幕。

① 在"控制面板"窗口中单击"个性化"图标或在桌面空白处右击，在弹出的快捷菜单中选择"个性化"。

② 在"屏幕保护程序"选项卡中操作：在"屏幕保护程序"下拉列表框中选择"三维文字"选项，单击"设置"按钮，在弹出的对话框中编辑要显示的文字，再设置屏保启动的时间。

③ 单击"应用"按钮，再单击"确定"按钮。

（3）查看屏幕分辨率。如果分辨率为 1 024 像素×768 像素，则设置屏幕分辨率为 800 像素×600像素，否则设置为 1 024 像素×768 像素。

① 在"控制面板"窗口中单击"个性化"图标。

② 单击窗口右下方的"显示"超链接，在弹出窗口的左上方单击"调整分辨率"超链接。

③ 在打开的窗口中单击"分辨率"下拉按钮，可以通过拖动调节滑块调整分辨率大小。

3. 将当前的系统日期与实际日期调整为一致，再观察 2030 年的 6 月 27 日是星期几。

（1）在"控制面板"窗口中双击"日期和时间"图标或者双击任务栏最右端的时间，弹出"日期和时间"对话框，如图 5-2 所示。在此可以对系统日期/时间进行设置。

图 5-2 设置系统日期/时间

（2）在"日期"选项区域选择月份和年份，可以观察到对应是星期几。

4. 清除当前计算机硬盘上一些不需要的文件，如上网时浏览的网页文件、非正常关机时未能及时删除的临时文件等，以释放被它们占用的磁盘空间。

具体操作步骤如下。

（1）选择"开始"→"所有程序"→"附件"→"系统工具"→"磁盘清理"命令，启动"磁盘清理"程序。

（2）在弹出的"磁盘清理：驱动器选择"对话框中选择需要清理的磁盘。在图 5-3 所示的"磁盘清理"对话框中选择要清理的文件即可。

图 5-3　磁盘清理

5．使用"画图"程序制作一幅精美的图片，并用该图片作为桌面背景。

具体操作步骤如下。

（1）选择"开始"→"所有程序"→"附件"→"画图"命令，启动"画图"程序。

（2）在"画图"窗口中制作图片后保存，选择"画图"→"设置为桌面背景（平铺）"，即可将该图片作为桌面背景，如图 5-4 所示。

图 5-4　"画图"窗口

6．利用计算器对下列各数进行数制转换。

（1）$(192)_{10}=(\ )_2=(\ )_8=(\ )_{16}$ 。

（2）$(AF4)_{16}=(\ )_2=(\ )_{10}$ 。

（3）$(111001011)_2=(\ )_{10}$ 。

具体操作步骤如下。

① 选择"开始"→"所有程序"→"附件"→"计算器"命令，弹出"计算器"窗口。

② 选择"查看"→"程序员"命令，如图 5-5 所示，将计算器由"科学型"转换为"程序员"。

③ 选择数据所属的进数制，输入数据后单击要转换的进数制，即可进行数制转换。

图 5-5　计算器

7. 利用控制面板观察当前计算机的属性。

在"控制面板"窗口中双击"系统"图标，即可看到当前计算机的软硬件基本配置情况，如图 5-6 所示。

图 5-6　"系统属性"对话框

三、实训练习

1. 打开"控制面板"窗口，了解控制面板的组成和主要部件的功能。

2. 按如下要求进行设置。

（1）设置 Windows 7 主题为 Windows 7。

（2）将桌面主题设置为 Aero 主题中的"建筑"。

（3）设置屏幕保护程序为"气泡"，等待时间为 5 分钟。

（4）设置系统项目外观：窗口边框和任务栏颜色为"黄昏"。

（5）设置显示器屏幕分辨率为 1 024 像素×768 像素。

3．设置系统日期为 2015 年 8 月 8 日，随即再将其修改为当天日期。

4．掌握使用计算器转换不同数制的数值和复杂运算的方法。

5．删除"游戏"程序中的"纸牌"游戏，然后再将其添加。

6．打开"画图"窗口，画一幅画，并保存在桌面上，文件名为"我的画.bmp"。

7．在"写字板"窗口中，输入一段文字，并保存在桌面上，文件名为"练习.doc"，将"我的画.bmp"中的内容复制到"练习.doc"中。

实训 6
Word 2010 的基本编辑操作

一、实训目的

1. 了解 Word 2010 的启动、退出和窗口组成。
2. 熟练掌握 Word 2010 文字编辑、修改、删除等方法。
3. 熟练掌握 Word 2010 环境下新建、打开、保存和关闭文件操作。
4. 掌握文本的选定、复制、移动、删除等方法，熟悉撤销和恢复命令的使用。
5. 熟练掌握文本的查找和替换方法。

二、实训内容和步骤

1. 启动 Word 2010 程序

Word 2010 启动方法有以下几种。

（1）单击任务栏上的"开始"按钮，指向"所有程序"菜单项，单击"Microsoft Office"，再单击"Microsoft Word 2010"命令。

本方式启动 Word 2010 程序后，Word 2010 会自动创建一个名为"文档 1"的空白文档，如图 6-1 所示。单击快速访问工具栏的"新建"按钮或按【Ctrl+N】组合键，就又打开一个 Word 窗口，新建一个名为"文档 2"的空白文档；继续类似操作，新建的空白文档名依次为："文档 3"、"文档 4"……一个 Word 文档对应一个 Word 应用程序窗口。

图 6-1　Word 2010 窗口

Word 2010 应用程序窗口打开以后，选择快速访问工具栏的"打开"按钮、"文件"选项卡中的"打开"命令、按【Ctrl+O】快捷键、通过"文件"选项卡中的"最近所用文件"列表均可打开已经建立的 Word 文档。

（2）单击任务栏"快速启动工具栏"或桌面上的 Word 2010 快捷方式（如果有）图标。

本方式启动 Word 2010 的结果与（1）相同，不过更加方便。

（3）单击任务栏上的"开始"按钮，在"搜索程序和文件"框中输入"WinWord"命令。

本方式启动 Word 2010 的结果与（1）相同。

（4）双击已建立的 Word 文档图标。

在"计算机"窗口中找到并双击某个已建立的 Word 文档，或选择"开始"->"最近使用的项目"，在出现的级联菜单中单击某个扩展名为.docx 或.doc 的文件名（Word 文档），都可以启动 Word 2010 程序，并打开相应已建立的 Word 文档。

2. Word 2010 程序的退出

退出 Word 2010 程序的方法有以下几种。

（1）单击 Word 2010 窗口右上角的关闭按钮。

（2）双击 Word 窗口左上角的 Word 图标。

（3）按【Alt+F4】组合键。

（4）选择"文件"选项卡中的"退出"命令。

如果有多个 Word 文档窗口打开，前 3 种方法只能关闭当前的 Word 文档窗口。而最后一种方法不论打开了多少个 Word 文档，窗口都会被同时关闭，并退出 Word 2010 程序。

　　退出 Word 2010 程序时，如果打开的 Word 文档已经编辑修改过，但没有保存，Word 2010 会弹出提醒用户"是否将更改保存到 XX…X 中？"的对话框，可以通过单击"保存""不保存"或"取消"按钮，对已经编辑修改过的 Word 文档进行"保存""不保存"或"取消关闭"操作。也可选择快速工具栏的"保存"按钮、单击"文件"选项卡中的"保存"命令，或按【Ctrl+S】快捷键保存 Word 文档。

3. 观察 Word 2010 的窗口组成

（1）标题栏：标题栏显示了当前打开的文档名称，在右边还提供了最小化、最大化（还原）和关闭 3 个按钮，借助这些按钮可以快速执行相应的功能。

（2）快速访问工具栏：在快速访问工具栏中，用户可以执行新建、保存、打开、撤销、恢复、打印预览和快速打印等操作。

（3）"文件"选项卡：单击"文件"选项卡，弹出的下拉列表中包含保存、另存为、打开、关闭、信息、最近所用文件、新建、打印、保存并发送、帮助、选项和退出等菜单选项。

（4）功能区：功能区是 Word 的主要组成部分。为了便于浏览，功能区包含若干围绕特定方案或对象进行组织的选项卡。之前的版本大多以子菜单的模式为用户提供按钮功能，现在以功能区的模式提供了几乎所有的按钮、库和对话框。在通常情况下，Word 的功能区包含"文件""开始""插入""页面布局""引用""邮件""审阅"和"视图"8 个选项卡，每个选项卡的控件又细化为不同的组。

　　将鼠标指针指向工具组的某一个按钮并稍作停留，按钮下方会显示该按钮的名称或简短解释。

（5）文档编辑区：文档编辑区是用户工作的主要区域，用来显示和编辑文档。在这个区域中经常使用到的工具还包括水平标尺、垂直标尺、对齐方式、显示段落等。在 Word 默认的新文档中，可以看到在编辑区的左上角有一个不停闪烁的竖条，这叫插入点，作用是指出下一个键入字符的位置。插入点后的灰色折线是文档的结束符。

（6）视图选择：在文本区右下方单击相应的视图按钮或单击"视图"选项卡，可以选择"页面视图""阅读版式视图""Web 版式视图""大纲视图"和"草稿"。

（7）标尺：标尺由水平标尺和垂直标尺两部分组成。水平标尺位于文本区顶端，在"页面视图"状态下，垂直标尺出现在文本区左边。标尺的功能在于缩进段落、调整页边距、改变栏宽以及设置制表位等。

（8）滚动条：单击滚动条上的滚动框，会出现当前页码等相关信息提示。拖动滚动框，使文档内容快速滚动时，提示信息将随滚动框位置的变化即时刷新。

（9）状态栏：为显示页码、字数统计、拼音语法检查、插入/改写方式、视图方式、显示比例等辅助功能的区域。

4. 实例操作一

（1）打开 Word 2010 窗口，新建"文档 1""文档 2"和"文档 3"。

具体操作步骤如下。

单击任务栏上的"开始"按钮，指向"所有程序"菜单项，单击"Microsoft Office"，再单击"Microsoft Word 2010"命令，启动 Word 2010 程序，自动创建一个名为"文档 1"的空白文档，再单击两次快速访问工具栏的"新建"按钮，新建名为"文档 2"和"文档 3"的空白文档。

（2）在"文档 1"中输入文本，并以"黄山风景区.docx"为文件名保存在"D:\练习文档"（如果该文件夹不存在就创建它）文件夹中，最后关闭所有打开的 Word 2010 文档窗口。

输入如下文本。

黄山风景区

黄山是中国著名风景区之一，世界游览胜地，黄山风景区位于安徽省南部黄山市，是中国十大风景名胜中唯一的山岳风景区，也是联合国授予的世界自然和文化遗产。

作为中国山之代表，黄山集中国名山之长。泰山之雄伟，华山之险峻，衡山之烟云，庐山之飞瀑，雁荡山之巧石，峨眉山之清凉，黄山无不兼而有之。自古就有"五岳归来不看山，黄山归来不看岳"的美誉，更有"天下第一奇山"之称。可以说无峰不石，无石不松，无松不奇，并以"奇松、怪石、云海、温泉"黄山四绝著称于世。

黄山之美，是一种无法用语言来表述的意境之美，有着让人产生太多联想的人文之美。无论是艳阳高照下显现出的铁骨峥嵘之阳刚之美，还是云遮雾绕下若隐若现的妩媚之美，亦或是阳春三月里漫山遍野盛开的鲜花透出的浪漫之美,甚至在雪花纷飞的严冬处处银妆素裹下的圣洁之美。当人们在高山之巅俯首云层时，看到的是漫无边际的云，如临于大海之滨，波起峰涌，浪花飞溅，惊涛拍岸。黄山云海，特别奇绝。漫天的云雾和层积云，随风飘移，时而上升，时而下坠，时而回旋，时而舒展，构成一幅奇特的千变万化的云海大观。每当云海涌来时，整个黄山景区就会变成诸多云的海洋。被浓雾笼罩的山峰突然显露出来，层层叠叠、隐隐约约，山之秀、之奇在这里完美地表达出来。飘动着的云雾如一层面纱在山峦中游移，景色千变万化，稍纵即逝。

具体操作步骤如下。

① 在"文档 1"编辑窗口中输入上述文本内容后，单击"文件"选项卡中的"保存"命令，弹出"另存为"对话框，如图 6-2（a）所示。

② 在对话框左侧的"计算机"中选择 D 盘。

③ 在对话框右侧单击右键，在弹出的快捷方式中选择"新建"→"文件夹"，将文件夹默认的"新建文件夹"名修改为"练习文档"，如图 6-2（b）所示，双击"练习文档"文件夹，进入"练习文档"文件夹中。

④ 在"另存为"对话框中，文件名自动设置为"文档 1"中的第一句文本，即文件名自动取为"黄山风景区.docx"，单击"保存"按钮，文件保存成功。

⑤ 选择"文件"→"退出"命令，将关闭所有打开的 Word 2010 文档窗口，没有存盘的文件会提示进行保存。

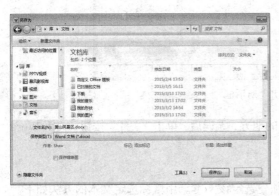 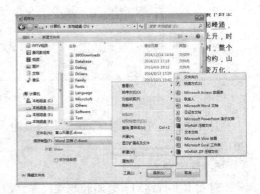

（a）　　　　　　　　　　　　　　　（b）

图 6-2　保存文件

在上述文本输入过程中，可能使用到的编辑方法有 5 种。

① 单击定位插入点。

② 按【BackSpace】键删除插入点前的字符，按【Delete】键删除插入点后的字符。

③ 按【Home】键光标移动到所在行的行首，按【End】键光标移动到所在行的行尾，按【Page Up】键光标移动到上一页，按【Page Down】键光标移动到下一页。

④ 拖动滚动条上、下翻页，按光标键逐行或逐列移动光标。

⑤ 也可以先将"文档 1"保存为"黄山风景区.docx"后，再输入文本内容，在输入文本的过程中可以使用【Ctrl+S】组合键随时保存文件。

（3）再次打开文件"黄山风景区.docx"，修改输入错误的地方；检查完全正确后，关闭该文件。

依次尝试用以下方法打开文件"黄山风景区.docx"，其方法如下。

① 在"计算机"窗口中找到并打开"D:\练习文档"文件夹，双击其中的"黄山风景区.docx"文件，打开该文件。

② 使用"最近使用项目"打开文件。选择"开始"→"最近使用项目"，找到文档"黄山风景区.docx"，单击将其打开。

③ 使用"文件"选项卡中的"最近所用文件"历史记录打开文档。启动 Word 2010 应用程序后，在"文件"选项卡中的"最近所用文件"列表中找到文档"黄山风景区.docx"，单击打开。

④ 选择"文件"选项卡中的"打开"命令，或按【Ctrl+O】快捷键。选择"文件"→"打开"命令，弹出"打开"对话框，如图 6-3 所示。找到"D:\练习文档\黄山风景区.docx"文件后单击（也可双击直接打开），再单击"打开"按钮即可。

图 6-3　"打开"对话框

打开文件"黄山风景区.docx"，修改输入错误的地方，无误后，单击"关闭"按钮，关闭 Word 2010 窗口。

5. 选定文本

对文本进行移动、复制和删除操作之前，必须先选定该文本。用鼠标选定文本的方法如下。

（1）选定一个英文单词或汉字词组：用鼠标双击该单词或汉字词组。

（2）选定一个句子：按住【Ctrl】键，再单击句中的任意位置，可选中两个句号中间的一个完整的句子。

（3）选定一行：将鼠标放置在行的左边，当光标变为向右的箭头时，单击，箭头所指的行即被选中。

（4）选定连续多行：将鼠标放置在连续多行的首行或末行左边，当光标变为向右的箭头时，单击，然后向下或向上拖动鼠标即可选定连续的多行。

（5）选定某个段落：将鼠标放置在段落的左边，当光标变为向右的箭头时，双击，箭头所指的段落被选中；也可在段落中任意位置连续单击三下鼠标左键来选定某个段落。

（6）选定多个段落：先选定一个段落的同时最后一次按键不要松，拖动鼠标向上或者向下移动即可选择多段。

（7）选定整篇文档：将鼠标放置在段落的左边，当光标变为向右的箭头时，连续单击三下鼠标左键，即可选定整篇文档或按【Ctrl+A】快捷键选定整篇文档。

（8）选定矩形文本区域：按下【Alt】键的同时，在要选择的文本上拖动鼠标，可以选定一个文本区域。

若要取消选定的文本块，只需在选定的文本内或外单击鼠标即可。

按住【Shift】键，配合键盘上的 4 个光标移动键或【Home】、【End】键，可在插入点上、下、左、右选定文本。

① 【Shift+↑】组合键：向上选定一行。

② 【Shift+↓】组合键：向下选定一行。

③ 【Shift+←】组合键：向左选定一个字符。

④ 【Shift+→】组合键：向右选定一个字符。

⑤ 【Shift+Home】组合键：选定内容扩展至行首。

⑥ 【Shift+End】组合键：选定内容扩展至行末。

6. 文本复制、移动、删除等方法

选定文本后，文本的复制、移动、删除的操作方法有以下几种。

（1）工具组按钮法：使用"开始"选项卡"剪贴板"工具组中的"复制"、"剪切"、"粘贴"命令。

（2）快捷菜单法：右击选定的文本，在弹出的快捷菜单中选择"复制"、"剪切"、"粘贴"命令。

（3）组合键法：使用【Ctrl+C】（复制）、【Ctrl+X】（剪切）、【Ctrl+V】（粘贴）、【Delete】键（删除）。

可以将上述 3 种方法结合起来使用，以提高编辑速度和操作的灵活性。操作步骤如下。

文本复制：选定文本→复制→光标移到插入点→粘贴；或按住【Ctrl】键拖动文本到新位置。

文本移动：选定文本→剪切→光标移到插入点→粘贴；或直接拖动文本到新位置。

文本删除：选定文本→剪切或按【Delete】键。

7. 撤销、恢复命令和查找、替换操作

（1）撤销：可以单击快速访问工具栏的"撤销"按钮、使用【Ctrl+Z】组合键。

（2）恢复：可以单击快速访问工具栏"重复"按钮、使用【Ctrl+Y】组合键。

（3）查找：可以选择"开始"→"编辑"→"查找"命令，或使用【Ctrl+F】组合键，弹出"导航"对话框，在"查找内容"文本框中输入要查找的内容，进行查找操作。

（4）替换：可以选择"开始"→"编辑"→"替换"命令，或使用【Ctrl+H】组合键，弹出"查找和替换"对话框，在"查找内容"文本框中输入被替换的内容，在"替换为"文本框中输入替换的内容，根据需要进行替换操作。

8. 实例操作二

（1）启动 Word 2010 程序，在文档中录入以下内容，并以文件名"猪流感.docx"保存，路径自由选择。

什么是猪流感？

猪流感，是猪的一种急性、传染性呼吸器官疾病。其特征为突发，咳嗽，呼吸困难，发热及迅速转归。猪流感是猪体内因病毒引起的呼吸系统疾病。猪流感由甲型流感病毒（A 型流感病毒）引发，通常爆发于猪之间，传染性很高但通常不会引发死亡。秋冬季属高发期，但全年可传播。猪流感多被辨识为丙型流感病毒（C 型流感病毒），或者是甲型流感病毒的亚种之一。该病毒可在猪群中造成流感暴发。

甲型流感有很多个不同的品种，计有：H1N1、H1N2、H3N1、H3N2 和 H2N3 亚型的甲型流感病毒都能导致猪流感的感染。与禽流感不同，猪流感能够以人传人。过往曾经发生人类感染猪流感，但未有发生人传人案例。2009 年 4 月，墨西哥公布发生人传人的猪流感案例，有关案例是一宗由 H1N1 病毒感染给人的病例，并在基因分析的过程发现基因内有猪、鸡及来自亚洲、欧洲及美洲人种的基因。猪流感的症状：猪流感患者通常有 39 摄氏度以上的高烧、剧烈头疼、肌肉疼痛、咳嗽、鼻塞、红眼等病征。

猪流感病毒（SIV）是猪群中一种可引起地方性流行性感冒的正黏液病毒。世界卫生组织将这种新型致命病毒命名为甲型 H1N1 流感。

实验步骤：与实例操作一步骤（2）类似，从略。

（2）打开"猪流感.docx"文档，尝试选定文本的一行、一段和整篇文档。将其中的"猪流感"替换为"甲型 H1N1 流感"，但最后一段的"猪流感"不替换，完成后以文件名"甲型 H1N1 流感.docx"存盘。

具体操作步骤如下。

① 打开"猪流感.docx"文档，光标指向正文第一段落中单击，使插入点在第一段中，分别双击、三击，观察文本的选定情况。再用鼠标指向文档左边的选择栏，分别单击、双击、三击，观察文本的选定情况。

② 选择"开始"→"编辑"→"替换"命令，弹出"查找和替换"对话框，如图 6-4 所示。在"查找内容"文本框中输入"猪流感"，在"替换为"文本框中输入"甲型 H1N1 流感"（引号不输入）；单击"查找下一处"按钮，根据需要单击"替换"或继续单击"查找下一处"（不替换）按钮，注意光标在最后一段内单击"取消"（不替换且结束查找和替换）按钮。

图 6-4　"查找和替换"对话框

③ 完成后选择"文件"→"另存为"命令，以文件名"甲型 H1N1 流感.docx"存盘。

（3）将文档"甲型 H1N1 流感.docx"正文第二自然段中的"2009 年 4 月，……红眼等病征。"移动到文档最后，作为一个自然段。

具体操作步骤如下。

将光标移到正文第二自然段中的"2009 年 4 月"的"2"之前，按下鼠标左键向后拖动，直到"……红眼等病征。"后释放左键，选中欲移动的文本；右击选定的文本，在弹出的快捷菜单中选择"剪切"命令，将光标移到文档最后并按【Enter】键，单击"粘贴"按钮，将选定文本移动到最后作为一个自然段。

（4）把正文第一段复制到文档的第二、第三段之间，将复制后的段落中文本"猪流感由甲型流感病毒（A 型流感病毒）引发，……或者是甲型流感病毒的亚种之一。"删除。

具体操作步骤如下。

选定正文第一自然段（包括段落末尾的回车符），单击"复制"按钮，将光标移到第三段之前（不是第二段末尾），按【Ctrl+V】组合键粘贴。再选择该段落中的文本"猪流感由甲型流感病毒（A 型流感病毒）引发，……或者是甲型流感病毒的亚种之一。"按【Delete】键删除选定文本。

（5）撤销步骤（4）、（3）的操作，然后再恢复步骤（3）的操作。

具体操作步骤如下。

单击快速访问工具栏"撤销"按钮，直到恢复步骤（4）、步骤（3）的操作前的文档，然后单击"重复"按钮，恢复步骤（3）的操作。

三、实训练习

1．录入以下文档。

计算机应用

计算机应用范围，已经渗透到了一切领域，主要有下面几个方面。

（1）科学计算：航空及航天技术、气象预报、晶体结构研究等，都需要求解各种复杂的方程式，必须借助于计算机才能完成。

（2）自动控制：计算机自动控制生产过程，能节省大量的人力和物力，获得更加优质的产品。另外，可以在卫星导弹等发射过程中进行实时控制。

（3）数据处理：在科技情报及图书资料等的管理方面，处理的数据量非常庞大。例如对数据信息的加工、合并、分类、索引、自动控制和统计等。

（4）人工智能：是计算机应用研究最前沿的学科，用计算机系统来模拟人的智能行为。例如在模式识别、自然语言理解、专家系统、自动程序设计和机器人等方面。

（5）CAD：计算机辅助设计广泛应用于飞机、建筑物及计算机本身的设计。

（6）CAI：计算机辅助教育利用多媒体教育软件进行远程教育和工程培训等。

2．按要求完成下列操作。

（1）将文档以"计算机应用.docx"为文件名存盘退出（路径自定）。

（2）再次打开"计算机应用.docx"，修改输入错误的文本内容，并另存为"计算机应用领域.docx"。

（3）在文档"计算机应用领域.docx"中，将其中的"计算机"全部替换为"电脑"，再将标号为（3）、（4）的两个自然段的内容互换，换后标号仍然按正序排列。

（4）撤销步骤（3）的操作。

Word 2010 字符和段落格式的设置

一、实训目的

1. 掌握 Word 的字符格式设置方法。
2. 掌握 Word 的段落格式设置方法。
3. 掌握 Word 的超级链接设置方法。

二、实训内容和步骤

1. 字符格式设置

打开文档"黄山风景区.docx",完成下列操作。

（1）将标题文本"黄山风景区"设置为居中、红色、黑体、倾斜、二号字,并加"蓝色"双波浪线下划线。

具体操作步骤如下。

① 选定标题文本"黄山风景区",选择"开始"→"字体"工具组右下角的对话框启动器,弹出"字体"对话框。

② 在"字体"选项卡下设置中文字体为"黑体"、字形为"倾斜"、字号为"二号"、字体颜色为"红色"（在标准色中选择"红色"）、下划线线型为"双波浪线"、下划线颜色为"蓝色",如图 7-1 所示。

③ 设置完毕,单击"确定"按钮。

④ 单击"字体"工具组中的"居中"按钮,使文本居中。

提示　利用"字体"对话框可以设置上标、下标、小型大写字母等,还可以利用"文字效果"选项设置文字轮廓、阴影、映像、发光等字符效果及文字间的字符间距。效果如图 7-2 所示。

图 7-1　"字体"对话框

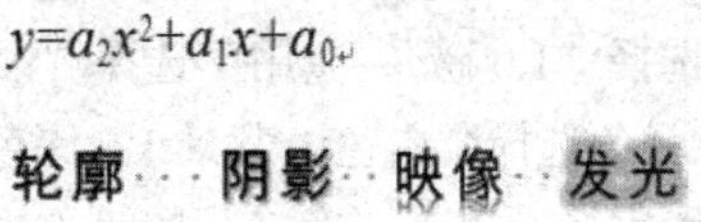

$$y=a_2x^2+a_1x+a_0$$

轮廓··阴影··映像··发光

图 7-2　部分文字效果示例

其中的原始输入为：y=a2x2+a1x+a0，将字体设置为 Times New Roman，y、a、x 为斜体，第一个 2 与 1、0 为下标，第二个 2 为上标，结果为 $y=a_2x^2+a_1x+a_0$，轮廓、阴影、映像、发光等利用"文字效果"选项设置。

（2）将正文文本设置为蓝色、楷体、加粗、五号字。

具体操作步骤如下。

选定除标题行以外的其他所有文本，与（1）中的设置类似，设置完毕，单击"确定"按钮。

2. 段落格式设置

（1）将正文段落格式设置为两端对齐、首行缩进 2 字符、行距固定值 20 磅，段前、段后各留 0.5 行间距。

具体操作步骤如下。

① 选定除标题行以外的其他所有文本，选择"开始"→"段落"工具组右下角的对话框启动器，弹出"段落"对话框。

② 在"缩进和间距"选项卡的"常规"选项区域设置对齐方式为"两端对齐"；在"缩进"选项区域设置特殊格式为"首行缩进"，度量值为"2 字符"；在"间距"选项区域设置行距为"固定值"，设置值为"20 磅"，段前、段后均为"0.5 行"，如图 7-3 所示。设置完毕，单击"确定"按钮。

图 7-3　"段落"对话框

（2）对正文第二段设置边框底纹：边框样式为红色、1.0 磅、单实线方框，底纹的图案样式为 5%，颜色为"白色，背景 1，深色 25%"，结果如图 7-4 所示。

具体操作步骤如下。

① 选中正文第二段，选择"开始"选项卡"段落"工具组的"下框线"按钮右侧的下拉按钮，在弹出的下拉框中选择"边框和底纹"选项。

② 在"边框"选项卡的"设置"选项区选择"方框"，样式选择"单实线"，颜色选择"红色"，宽度选择"1.0 磅"，应用于选择"段落"；在"底纹"选项卡的"图案"选项区域设置样式为"5%"，颜色选择"白色，背景 1，深色 25%"，并设置应用于"段落"，如图 7-5 所示。

③ 设置完毕，单击"确定"按钮。

图 7-4　格式设置结果

图 7-5　"边框和底纹"对话框

3. 超级链接设置

将标题"黄山风景区"链接到网页"http://www.chinahuangshan.gov.cn"。

具体操作步骤如下。

（1）选中标题"黄山风景区"。

（2）选择"插入"选项卡"链接"工具组的"超链接"按钮，显示"插入超链接"对话框。

（3）在"链接到"中选择"现有文件或网页"。

（4）在"地址"框中输入"http://www.chinahuangshan.gov.cn"。

（5）单击"确定"按钮。

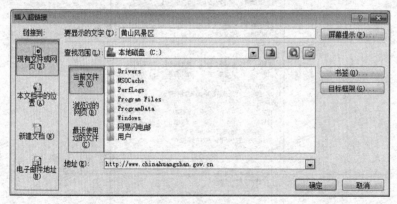

图 7-6　设置超级链接

三、实训练习

打开文档"计算机应用.docx"，完成以下操作。

1．将标题文本"计算机应用"设置为居中、蓝色、隶书、加粗、倾斜、小二号字，并加着重号。

2．将正文段落格式设置为两端对齐，首行缩进 2 字符，1.5 倍行距，段前 0.5 行间距。

3．将正文文本设置为红色、楷体、加粗、小四号字，字符间距加宽 2 磅。

4．将标题文本底纹的图案样式设置为 10%，颜色为红色。

5．给正文文本加应用于文字的方框边框，应用于段落的蓝色底纹，图案样式为 15%。

6．将文中所有的文字"计算机"设置为黄色、加粗。

实训 8
Word 2010 的图形、公式、艺术字等使用

一、实训目的

1. 掌握在文档中插入图形的方法。
2. 熟悉图形格式的设置和编辑方法。
3. 学会插入和编辑公式、艺术字、SmartArt 图形等其他对象。

二、实训内容和步骤

1. 图片的插入与编辑

（1）将计算机中已有的图片文件插入文档中

具体操作步骤如下。

① 定位欲插入图片的文档位置。

② 选择"插入"选项卡"插图"工具组的"图片"命令，弹出"插入图片"对话框。

③ 在"插入图片"对话框中选定欲插入的图片，单击"插入"按钮。

（2）插入剪贴画

具体操作步骤如下。

① 定位欲插入剪贴画的文档位置。

② 选择"插入"选项卡"插图"工具组的"剪贴画"命令，弹出"剪贴画"任务窗格。

③ 在"剪贴画"任务窗格中单击"搜索"按钮，搜索出所有的剪贴画。

④ 找到欲插入的剪贴画缩略图，选中该剪贴画，可将剪贴画插入当前光标处，如图 8-1 所示。

图 8-1 "剪贴画"任务窗格

（3）图片的编辑、裁剪

● 缩放图片

具体操作步骤如下。

① 在图片中的任意位置单击，图片四周出现有 8 个方向的句柄，如图 8-2 所示。

② 将鼠标指针指向某句柄时，鼠标指针变为双向箭头，按住鼠标左键沿缩放方向拖动鼠标。

③ 当大小合适后，松开鼠标左键，即可改变图片大小。

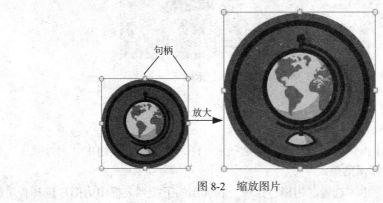

图 8-2　缩放图片

● 裁剪图片

具体操作步骤如下。

① 在图片中的任意位置单击，图片四周出现有 8 个方向的句柄。

② 单击图片工具的"格式"选项卡"大小"工具组中"裁剪"按钮下拉箭头，在弹出的菜单中选择"裁剪"项。

③ 将裁剪形状的指针移到图片的某个句柄上按住鼠标左键，朝图片内部移动，裁剪掉相应部分，如图 8-3 所示。

另外，也可单击"裁剪"按钮下拉箭头，在弹出的菜单中选择"裁剪为形状"项，通过更多的形状来裁剪。

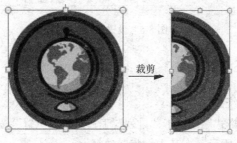

图 8-3　裁剪图片

（4）设置图片艺术效果

具体操作步骤如下。

① 双击图片或单击图片后单击"格式"选项卡"调整"工具组中"艺术效果"按钮下拉箭头，弹出如图 8-4 所示菜单。

② 在弹出的下拉菜单中为图片选择合适的艺术效果。

图 8-4　设置图片艺术效果

（5）设置图片阴影

具体操作步骤如下。

① 双击图片或单击图片后单击"格式"选项卡"图片样式"工具组中"图片效果"按钮右边箭头，弹出如图 8-5 所示菜单。

② 从弹出的下拉菜单中选择"阴影"选项，在弹出的下拉列表框中为图片选择合适的阴影效果。

图 8-5　设置图片阴影

（6）设置图片位置

具体操作步骤如下。

① 单击要设置文字环绕的图片。

② 单击图片工具的"格式"选项卡"排列"工具组中"位置"按钮下拉箭头，弹出设置"对象位置"对话框，如图 8-6 所示，在其中做相应选择。

③ 若要为图片设置其他布局，可在图 8-6 中选择"其他布局选项"，打开图片"布局"对话框，如图 8-7 所示，在其中做相应选择。

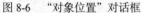

图 8-6　"对象位置"对话框　　　　图 8-7　图片"布局"对话框

2. 插入艺术字

具体操作步骤如下。

① 选择"插入"选项卡"文本"工具组的"艺术字"命令，出现如图 8-8 所示的艺术字预设样式面板。

② 选择所需的艺术字式样，打开艺术字文字编辑框，直接输入艺术字文本。

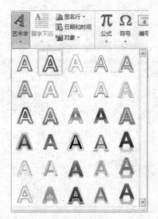

图 8-8　艺术字预设样式面板

生成艺术字后，选定艺术字对象，在功能区中显示出绘图工具的"格式"选项卡，可对艺术字进行边框、填充、阴影、发光、三维效果等设置。

3. 插入公式

具体操作步骤如下。

① 将光标放置到相应位置。

② 选择"插入"选项卡"文本"工具组的"对象"按钮，在"对象"对话框中选择"Microsoft 公式 3.0"选项，如图 8-9 所示，单击"确定"按钮后进入公式编辑状态，显示"公式"工具栏和菜单栏，如图 8-10 所示。

的格式，利用 Word 2010 的公式编辑器，可方便地制作具有专业水准的数学公式，创建数学公式的一……

公式……

栏和……所示。

图 8-9　"对象"对话框　　　　　　　图 8-10　公式编辑框和公式工具栏

　　"公式"工具栏上一行是符号，可以插入各种数学字符；下一行是模板，模板有一个或多个空插槽，可插入一些积分、矩阵等公式符号。

　　③ 在公式编辑框中编辑公式，编辑结束后，在公式编辑框以外的地方单击以退出公式编辑状态。

　　若要对建立的公式进行图形编辑，则单击该图形，出现带有 8 个方向的句柄的虚框，可以进行图形移动、缩放等操作；双击该公式，进入该图形公式编辑器环境，可重新修改公式。

　　也可选择"插入"选项卡"符号"工具组的"公式"按钮，在下拉菜单中选择内置公式或通过"插入新公式"命令来新建公式，利用公式工具的"设计"选项卡（见图 8-11）编辑公式。

图 8-11　公式工具的"设计"选项卡

4. 插入 SmartArt 图形

具体操作步骤如下。

　　① 将插入点置于文档中要插入图形的位置。

　　② 选择"插入"选项卡"插图"工具组的"SmartArt"按钮，打开"选择 SmartArt 图形"对话框，如图 8-12 所示。

　　③ 图中左侧列表中显示的是 Word 2010 提供的 SmartArt 图形分类列表，单击某一种类别，在对话框中间显示该类别下的所有 SmartArt 图形的图例，在此选择"层次结构"分类下的组织结构图。

　　④ 单击"确定"按钮，即可在文档中插入如图 8-13 所示的组织结构图。

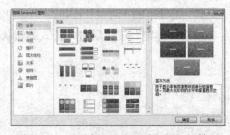

图 8-12　"选择 SmartArt 图形"对话框

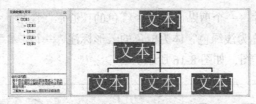

图 8-13　组织结构图

当文档中插入组织结构图后，在功能区会显示用于编辑 SmartArt 图形的"设计"和"格式"选项卡。通过 SmartArt 工具可以为 SmartArt 图形添加新形状、更改布局、更改颜色、更改形状样式，还能为文字更改边框、填充色以及设置发光、阴影、三维旋转等效果。

三、实训练习

1. 打开文档"黄山风景区.docx"，完成如图 8-14 所示的图文混排效果，包括其中的文字、图片、艺术字、公式、"版权所有"文字水印效果等。

图 8-14　图文混排效果

2. 插入如图 8-15 所示的组织结构图。

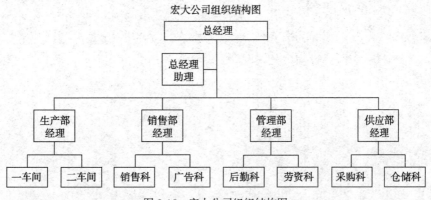

图 8-15　宏大公司组织结构图

3．尝试插入一幅图片、一个剪贴画、一个红色的"心形"图形、一个蓝色不规则四边形、一个黄色圆柱体、一个填充为浅绿色字体为橙色的云形标注、一个艺术字和一个自己熟悉的公式。（提示：部分图形给出了样图，如图 8-16 所示。）

图 8-16　部分样图

实训 9
Word 2010 的表格使用

一、实训目的

1. 掌握建立普通表格的方法。
2. 掌握建立不规则表格的方法。
3. 了解将文本转换成表格的方法。
4. 掌握编辑和修改表格的方法。

二、实训内容和步骤

1. 创建表格

建立一个如表 9-1 所示的表格，并输入表格相应内容。

表 9-1 　　　　　　　　　　　　　　学生成绩

学号	姓名	大学英语	高等数学	线性代数	计算机基础	普通物理
20141210001	张涛江	86	90	87	95	83
20141210002	李红芳	85	93	85	94	88
20141210004	赵芳	67	69	79	92	80
20141210005	王石三	89	86	56	88	94
20141210006	宋伟	92	78	81	84	96

建立表 9-1 常用的方法有以下两种，下面给出具体方法及操作步骤。

方法一：

① 单击"插入"选项卡的"表格"按钮，打开制表示意框，如图 9-1（a）所示。

② 在表格行列设定框中拖动鼠标，拖出一个 7×6 表格，如图 9-1（b）所示，释放鼠标左键，这时光标处出现一个如图 9-2 所示的 6 行 7 列空白表格。

③ 将光标定位在表格中，输入数据。

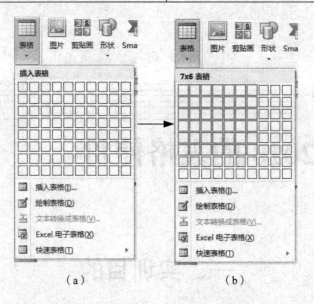

（a）　　　　　　　　（b）

图 9-1　使用"表格"菜单项插入表格

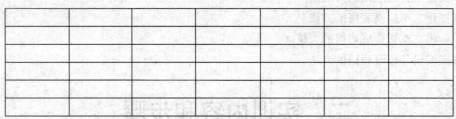

图 9-2　空白表格

方法二：

① 选择"插入"→"表格"→"插入表格"命令，弹出如图 9-3 所示的"插入表格"对话框。

② 在"列数"数值框中输入"7"，"行数"数值框中输入"6"，单击"确定"按钮，这时编辑光标处同样出现一个如图 9-2 所示的 6 行 7 列的空白表格。

③ 将光标定位在表格中，输入需要的数据即可。

2.　表格的选定

（1）选定单元格或某一区域

图 9-3　"插入表格"对话框

把鼠标指向单元格左边界的选择区，为鼠标变成一个右向上的黑色箭头时，单击可选定一个单元格，拖动可选定一个矩形区域。

（2）选定行

像选定文本中的一行一样，在表格左边界外侧的文档选择区单击，可选定表格的一行，拖动可选定多行。

（3）选定列

把鼠标指向某一列的上边界，当鼠标变成一个向下的黑色箭头时，单击可选定一列，拖动可选定多列。

（4）选定不连续的单元格

按住【Ctrl】键，用鼠标逐个单击欲选定单元格左边界的选择区，可选定不连续的若干单元格。

（5）选定整个表格

把光标移到表格任意位置上，等表格的左上方出现了一个移动控点时（见图 9-4），单击移动控点标记可以选定整个表格。

图 9-4　表格的移动控点

3. 表格的编辑与修改

（1）将表 9-1 修改为如表 9-2 所示的表格，并将文本居中。

表 9-2　　　　　　　　　　　　　　　　　学生成绩表

学号	姓名	大学英语	高等数学	线性代数	计算机基础	普通物理	总分	平均分
20141210001	张涛江	86	90	87	95	83		
20141210002	李红芳	85	93	85	94	88		
20141210004	赵芳	67	69	79	92	80		
20141210005	王石三	89	86	56	88	94		
20141210006	宋伟	92	78	81	84	96		
平均分								

具体操作步骤如下。

① 打开已经建立并输入数据的学生成绩表（见表 9-1），选定最后一列，使用功能区中"表格工具"的"布局"选项卡"行和列"工具组的"在右侧插入列"命令两次，在表格最右端插入两列。

② 将光标定位在表格内，拖动水平标尺上的"移动表格列"标记，或直接拖动表格列分隔线，调整表格列至合适宽度，也可通过功能区中"表格工具"的"布局"选项卡"表"工具组的"属性"对话框来调整列宽。

③ 选定表格除第一列之外的所有列，单击右键，在弹出的快捷菜单中选择""平均分布各列"命令，使第 2～9 列等宽，在第一行的最后两列输入文本"总分"、"平均分"。

④ 将光标移动到表格最后一行尾部的单元格后面按【Enter】键，可插入一个空白行，选定刚插入的最后一行（空白行）的前两个单元格，单击右键，在弹出的快捷菜单中选择"合并单元格"命令，将这两个单元格合并，并输入文字"平均分"。

⑤ 用鼠标拖动选定整个表格内文本，单击"开始"选项卡的"段落"工具组中的"居中"按钮，使全部数据居中；或者用表格移动控点选定整个表格并右击，在弹出的快捷菜单中选择"单元格对齐方式"命令中的"水平居中"命令也可使得文本居中。

（2）在表格中用公式计算总分和平均分，平均分保留 2 位小数。

表格中的单元格位置用列标（A，B，C，……）与行号（1，2，3，……）来定位，如 C4 表示第 4 行第 3 列的单元格，C2:F3 表示从第 2 行第 3 列到第 3 行第 6 列的单元格区域。

具体操作步骤如下。

① 将光标定位在表格第 2 行第 8 列（H2），选择功能区中"表格工具"的"布局"选项卡"数据"工具组的"公式"命令，弹出"公式"对话框，在"公式"文本框中输入"=SUM(LEFT)"，

如图 9-5（a）所示，或输入"=SUM(C2:G2)"，如图 9-5（b）所示，单击"确定"按钮，单元格内出现数值（SUM()函数为求和函数，AVERAGE()为求平均值函数，函数可以通过"粘贴函数"下拉列表框选择）。

② 将光标定位在表格第 3 行第 8 列，选择功能区中"表格工具"的"布局"选项卡"数据"工具组的"公式"命令，弹出"公式"对话框，在"公式"文本框中输入"=SUM(LEFT)"或"=SUM(C3:G3)"，如图 9-5（c）所示，单击"确定"按钮，单元格内出现数值，其余总分求法与此类似。

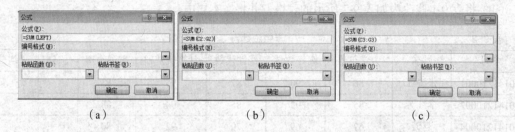

（a）　　　　　　　　　　（b）　　　　　　　　　　（c）

图 9-5　"公式"对话框

③ 将光标定位在表格第 2 行第 9 列（I2），选择功能区中"表格工具"的"布局"选项卡"数据"工具组的"公式"命令，弹出如图 9-5（a）所示的"公式"对话框，在"公式"文本框中删除"SUM(LEFT)"，在"粘贴函数"下拉列表框中选择 AVERAGE 函数，公式文本框中出现"=AVERAGE()"，将其修改为"=AVERAGE(C2:G2)"，在"编号格式"下拉列表框中将数字格式设置为 0.00，单击"确定"按钮，单元格内出现平均值，该列其余平均分求法与此类似。

④ 将光标定位在表格第 7 行第 3 列（C7），选择功能区中"表格工具"的"布局"选项卡"数据"工具组的"公式"命令，弹出如图 9-5（a）所示的"公式"对话框，在"公式"文本框中删除"SUM(LEFT)"，在"粘贴函数"下拉列表框中选择 AVERAGE 函数，"公式"文本框中出现"=AVERAGE()"，将其修改为"=AVERAGE(ABOVE)"或"=AVERAGE (C2:C6)"，在"编号格式"下拉列表框中将数字格式设置为 0.00，单击"确定"按钮，单元格内出现平均值，该行其余平均分类似处理。

⑤ 最后得到如表 9-3 所示的学生成绩表。

表 9-3　　　　　　　　　　　　学生成绩表

学号	姓名	大学英语	高等数学	线性代数	计算机基础	普通物理	总分	平均分
20141210001	张涛江	86	90	87	95	83	441	88.20
20141210002	李红芳	85	93	85	94	88	445	89.00
20141210004	赵芳	67	69	79	92	80	387	77.40
20141210005	王石三	89	86	56	88	94	413	82.60
20141210006	宋伟	92	78	81	84	96	431	86.20
平均分		83.80	83.20	77.60	90.60	88.20		

若修改了表格中的数据，公式的结果不会自动更新，需要右击含有公式的单元格，在弹出的快捷菜单中选择"更新域"命令或按【F9】键，更新公式的结果。

4. 不规则表格的建立

（1）创建一个如图 9-6 所示的表格：课程表。

星期 节次		一	二	三	四	五
上午	1					
	2					
	3					
	4					
下午	5					
	6					
晚上	7					
	8					

图 9-6 最终制成的课程表

具体操作步骤如下。

① 制作一个 9 行 7 列的表格，然后选择功能区中"表格工具"的"布局"选项卡"合并"工具组的"合并单元格"命令或右击选中的单元格，在快捷菜单中选择"合并单元格"命令将需要合并的单元格合并。

② 将光标定位在表格内，拖动垂直标尺上的"移动表格行"标记，或直接拖动表格行分隔线，调整第一行至合适高度，也可通过功能区中"表格工具"的"布局"选项卡"表"工具组的"属性"命令来调整行高。

③ 选定表格除第 1、第 2 列之外的所有列，单击右键，在弹出的快捷菜单中选择""平均分布各列"命令，使第 3～第 7 列等宽。

④ 选定表格左上角合并后的大单元格，单击功能区中"表格工具"的"设计"选项卡，在"表格样式"工具组的"边框"下拉列表框中选择"斜下框线"选项，如图 9-7 所示，并输入行标题"星期"，列标题"节次"，单击"确定"按钮，然后输入表内的其他文字，结果如图 9-8 所示。

图 9-7 选择"斜下框线"选项

⑤ 选定整个表格，使表格内文本上下居中、左右居中。

节次 星期	一	二	三	四	五
上午 1					
上午 2					
上午 3					
上午 4					
下午 5					
下午 6					
晚上 7					
晚上 8					

图 9-8　课程表

⑥ 选定欲设置双线边框的一部分单元格区域，如图 9-9 所示，选择"功能区中"表格工具"的"设计"选项卡，在"表格样式"工具组的"边框"下拉列表框中选择"边框和底纹"选项，弹出"边框和底纹"对话框，选择"边框"选项卡，在"设置"列表框中选择"虚框"选项，在"样式"列表框中选择"双线"选项，如图 9-10 所示，单击"确定"按钮，将所选区域的边框设置为双线。

利用"边框和底纹"对话框还可以为单元格设置丰富多彩的底纹。

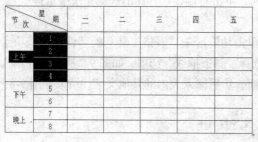

图 9-9　选取表格的一个区域

图 9-10　"边框和底纹"对话框

⑦ 依次设置其余区域为双线边框，完成表格制作。

（2）创建一个如图 9-11 所示的表格：通信录。

具体操作步骤如下。

① 制作一个 10 行 2 列的表格，并调整第一列至合适宽度。

② 单击"插入"选项卡的"表格"按钮，弹出插入表格菜单，选择"绘制表格"命令，使用"绘制表格"工具，画出需要的表格线，使用"擦除"工具擦除多余的表格线。

也可先选定单元格，在功能区中选择"表格工具"的"布局"选项卡"合并"工具组的"拆分单元格"命令或右击单元格，选择快捷菜单中的"拆分单元格"命令，在弹出的"拆分单元格"对话框中设置需拆分的列数和行数，单击"确定"按钮，拆分单元格。

③ 输入表格内的文字，适当调整单元格宽度，并使文本居中，完成表格制作。

姓　名		性别		出生日期		照片
民　族		政治面貌		籍贯		
院　系						
专　业						
班　级						
宿舍号			宿舍电话			
联系方法	手机号码			QQ		
	E-mail					
家庭住址						
家庭电话				邮政编码		

图 9-11　通信录

5. 将文本转换成表格

将下列文本转化为表格。

学号	姓名	笔试成绩	机试成绩	总评成绩
20141201001	李国华	86	90	88
20141201002	张竞生	45	65	55
20141202001	赵晓彤	87	85	86
20141202003	王飞红	67	69	68

具体操作步骤如下。

① 选定待转换为表格的文本。

② 单击"插入"选项卡中的"表格"按钮，在弹出的菜单中选择"文本转换成表格"命令，打开"将文字转换成表格"对话框，如图 9-12 所示，从中设置文字分隔位置为"空格"，设定转化后的列数为"5"，单击"确定"按钮，完成转换。

图 9-12　"将文字转换成表格"对话框

③ 转换后的表格如图 9-13 所示。

学号	姓名	笔试成绩	机试成绩	总评成绩
20141201001	李国华	86	90	88
20141201002	张竞生	45	65	55
20141202001	赵晓彤	87	85	86
20141202003	王飞红	67	69	68

图 9-13　转换后的表格效果

三、实训练习

1. 根据本班级实际情况，制作一个课程表，并填写实际内容。
2. 自己设计一个通讯录，根据本宿舍同学的信息填写实际内容。
3. 设计如图 9-14 所示的个人简历。

姓　名		性别		民族		出生年月	
政治面貌		身体状况		入团时间		入党时间	
籍　贯				身份证号			
家庭住址							
家庭电话				邮政编码			
起（学习、工作经历（从小学填	起止时间		在何学校（单位）学习、工作及任何职			证明人	
家庭成员	姓　名	与本人关系		工作单位及职务		身份证号码	

图 9-14　个人简历

实训 10
Word 2010 页面设置

一、实训目的

1. 掌握首字下沉、分栏的设置。
2. 了解项目符号、编号使用方法。
3. 熟悉 Word 的页眉和页脚设置方法。
4. 熟悉 Word 的页面设置方法。

二、实训内容和步骤

打开文档"黄山风景区.docx",完成下列操作。

1. 首字下沉的设置

设置文档正文第一段首字下沉 2 行。具体操作步骤如下。

① 将插入点移到正文第一段中。

② 单击"插入"选项卡"文本"工具组的"首字下沉"
按钮,在弹出的下拉列表框中选择"首字下沉选项",出现如
图 10-1 所示的对话框。

③ 在"位置"中选择"下沉"选项。

④ 在"下沉行数"数值框中输入 2。

⑤ 设置完毕后,单击"确定"按钮。

图 10-1 "首字下沉"对话框

2. 分栏设置

将正文第二段分两栏,栏间距 2 字符,栏间加分隔
线。具体操作步骤如下。

① 选定正文第二段文本,单击"页面布局"选项
卡"页面设置"工具组的"分栏"命令,在出现的下拉
列表框中选择"更多分栏"项,弹出"分栏"对话框。

② 将第二段文本设置为"两栏",栏间距为 2 字

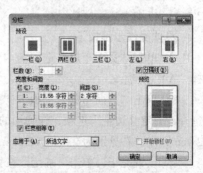

图 10-2 "分栏"对话框

符，应用于"所选文字"，再选中"分隔线"复选框，如图 10-2 所示。

③ 单击"确定"按钮，完成分栏设置。

3. 项目符号设置

（1）为第一段以后的文本段落添加"星形"项目符号。具体操作步骤如下。

① 选定第一段文本后的所有文本，选择"开始"选项卡"段落"工具组的"项目符号"按钮，弹出"项目符号库"对话框。

② 选择"星形"项目符号，如图 10-3 所示。

③ 单击"确定"按钮，完成设置。

（2）把项目符号改为大写字母编号。

具体操作步骤如下。

① 选定第一段文本后的所有文本，选择"开始"选项卡"段落"工具组的"编号"按钮，弹出"编号库"对话框。

② 在"编号库"选项中选择"A.B.C."样式编号，如图 10-4 所示。

③ 单击"确定"按钮，完成设置。

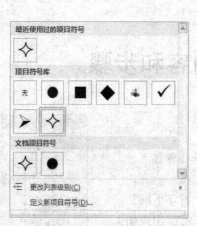

图 10-3　"项目符号库"对话框

图 10-4　"编号库"对话框

4. 页面格式设置

设置页面纸张大小为 A4，纵向，页边距上、下分别为 2.4cm、2.4cm，左、右分别为 2.5cm、2.5cm，应用于整篇文档。

具体操作步骤如下。

① 单击"页面布局"选项卡"页面设置"工具组的"纸张大小"按钮，在下拉列表框中选择"A4"选项。

② 单击"页面布局"选项卡"页面设置"工具组的"页边距"按钮，在弹出的下拉列表中选择"自定义边距"选项，在弹出的"页面设置"对话框中，设置页边距上、下分别为 2.4cm、2.4cm，左、右分别为 2.5cm、2.5cm，方向为"纵向"，应用于整篇文档，如图 10-5 所示。

③ 设置完毕，单击"确定"按钮即可。

图 10-5　"页面设置"对话框

5. 页眉和页脚的设置

（1）设置页眉为"黄山风景区简介"，在页脚的右端插入页码，完成后存盘退出。具体操作步骤如下。

① 选择"插入"选项卡"页眉和页脚"工具组的"页眉"按钮，在弹出的下拉列表框中选择内置的"空白"页眉样式，之后输入页眉内容"黄山风景区简介"，如图 10-6（a）所示。

② 单击"插入"选项卡"页眉和页脚"工具组的"页码"命令，在弹出的下拉列表中选择"页面底端"，再选择"普通数字 3"项，如图 10-6（b）所示。

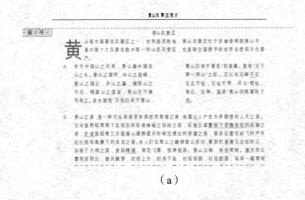

（a）

（b）

图 10-6　"页眉和页脚"设置

③ 设置完毕后，单击"关闭页眉和页脚"按钮。

④ 按【Ctrl+S】组合键保存文件后，关闭 Word 程序退出文档编辑。

（2）取消设置的页眉"黄山风景区简介"及其页眉中的横线。

具体操作步骤如下。

① 打开文档"黄山风景区.docx"，双击页眉，选中页眉文字"黄山风景区简介"，按【Delete】键删除文字。

② 删除页眉文字后，若在页眉中还保留有横线，可选择"开始"选项卡中的"样式"工具组，将页眉设置为"正文"样式或选择"清除格式"，即删除页眉中的横线。

③ 设置完毕后，单击"关闭页眉和页脚"按钮。

三、实训练习

打开文档"甲型 H1N1 流感.docx"，完成以下练习。

1．设置文档正文第一段首字下沉 4 行。

2．将正文第二段分两栏，栏间距为 1 字符，栏间加分隔线。

3．为正文第一段以后的文本段落添加"菱形"项目符号。

4．对页面进行设置，纸张大小为 16 开、纵向，页边距上、下分别为 2.5cm、2.5cm，左、右分别为 2cm、2cm，应用于整篇文档。

5．设置页眉为"甲型 H1N1 流感"，在页脚的右端插入页码，格式为"x/y"。

实训 11
Excel 2010 的基本操作

一、实训目的

1. 掌握工作簿的创建、保存、打开和关闭操作。
2. 掌握 Excel 2010 工作表的编辑与格式化方法。
3. 掌握 Excel 2010 工作簿及工作表的管理方法。

二、实训内容和步骤

1. 启动 Excel 2010 程序，新建文件"实验一.xlsx"，并将其保存在 D 盘以自己的名字命名的文件夹中，关闭 Excel 2010 程序后，在资源管理器中将该文件找到，并打开。

具体操作步骤如下。

（1）选择"开始"→"所有程序"→Microsoft Office→Microsoft Office Excel 2010 命令，启动 Excel 2010 程序，该软件会自动创建一个文件"工作簿 1.xlsx"，如图 11-1 所示。

（2）选择"文件"→"保存"命令，弹出"另存为"对话框，如图 11-2 所示。

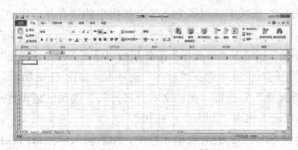

图 11-1　Excel 2010 界面

图 11-2　"另存为"对话框

将保存位置改为 D 盘，并利用"新建文件夹"按钮新建一个以自己名字命名的文件夹。打开该文件夹，将文件保存为"实验一.xlsx"。

（3）按【Alt+F4】组合键，或单击窗口右上角的"关闭"按钮，或选择"文件"→"退出"命令，或双击窗口左上角的控制图标，都可以关闭 Excel 2010 窗口。

（4）鼠标指针指向"开始"按钮并右击，在弹出的快捷菜单中选择"资源管理器"命令。在 D 盘找到以自己的名字命名的文件夹，找到其中的"实验一.xlsx"文件，双击将其打开。

2. 在"实验一.xlsx"工作簿中，选择 Sheet1 为当前工作表，输入学生的基本信息，内容如图 11-3 所示。

具体操作步骤如下。

（1）文本型、数值型、日期型数据可以直接在相应单元格或数据编辑栏中输入。

（2）在 A2 与 A3 单元格中分别输入学号"2014001"、"2014002"，选择 A2:A3 单元格区域，利用填充柄向下填充其他学生的学号。

（3）在 E2 单元格中输入"电子商务"，利用填充柄向下填充其他学生的相同专业。

（4）在输入性别之前，先利用【Ctrl】键选择性别为"女"的所有单元格，然后输入"女"，按住【Ctrl】键，再按【Enter】键，则在选中的所有单元格中都显示"女"内容。利用相同的方法输入"男"、"安徽"、"山东"等单元格内容。

3. 在表格的上方插入两行空行，增加标题为"学生基本信息表"以及制表人名称。标题与制表人两行分别合并居中与合并右对齐，如图 11-4 所示。

图 11-3　表格内容　　　　　　　　　　　　　图 11-4　表头内容

具体操作步骤如下。

（1）在行标上选择 1、2 两行，在选定区域单击鼠标右键，在快捷菜单中选择"插入"命令，可以直接在选定的区域上方插入两行空行。

（2）选择 A1:F1 单元格区域，选择"开始"选项卡"对齐方式"工作组中的"合并后居中"按钮，然后输入标题"学生基本信息表"。

（3）选择 A2:F2 单元格区域，选择"开始"选项卡"单元格"工作组的"格式"命令，在下拉列表中选择"设置单元格格式"选项，在弹出的对话框中选择"对齐"选项卡，如图 11-5 所示。

在"文本控制"选项区域选中"合并单元格"复选框，在"文本对齐方式"选项区域设置水平对齐为"靠右"，单击"确定"按钮。然后输入内容"制表人：张杨"。

4. 将表中的学号与姓名列选中，复制到 Sheet 2 的对应单元格中，然后输入学生每门课程的成绩，并以最适合的列宽显示。

具体操作步骤如下。

（1）选择 A3:B16 单元格区域，选择"开始"选项卡"剪贴板"工作组中的"复制"命令，将其放在剪贴板中，选择 Sheet2 中的 A3 单元格，选择"粘贴"命令，可以将学号与姓名列复制到该处。

（2）输入表头及每门课程的成绩，如图 11-6 所示。

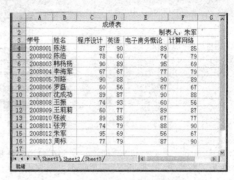

图 11-5　"对齐"选项卡　　　　　　　　　　图 11-6　成绩表内容

（3）选择 A3:F16 单元格区域，选择"开始"选项卡"单元格"工作组中的"格式"命令，在下拉列表中选择"自动调整列宽"，实现列宽的快速调整。

5.　根据需要对"学生基本信息表"进行格式设置，如字体、边框、底纹等，并将 Sheet1 工作表重命名为"学生信息"。利用"套用表格格式"中的"表样式中等深浅 3"样式设置"成绩表"，根据需要进行字体、边框等格式的设置，并将 Sheet 2 工作表的名称重命名为"成绩表"。

具体操作步骤如下。

（1）选择 Sheet1 工作表中的某些单元格，选择"开始"选项卡"单元格"工作组中的"格式"命令，在下拉列表中选择"设置单元格格式"命令，弹出"设置单元格格式"对话框，如图 11-7 所示。

在"对齐"、"字体"、"边框"、"填充"选项卡中，用户可以根据需要设置不同的格式。

（2）双击 Sheet1 工作表标签，输入"学生信息"作为工作表的名称，如图 11-8 所示。

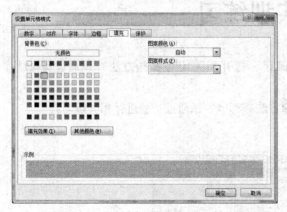

图 11-7　"设置单元格格式"对话框　　　　　图 11-8　"学生基本信息表"工作表效果图

（3）将 Sheet2 作为当前工作表，选择 A3:F16 单元格区域，选择"样式"→"套用表格格式"命令，如图 11-9 所示，选择"表样式中等深浅 3"设置"成绩表"。

（4）根据需要设置字体。选择 A3:F16 单元格区域，在"单元格格式"对话框的"边框"选项卡中设置外边框与内部线条，如图 11-10 所示。

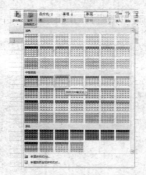

图 11-9　选择“自动套用格式”

（5）双击 Sheet2 工作表标签，输入“成绩表”作为工作表的名称，完成后如图 11-11 所示。

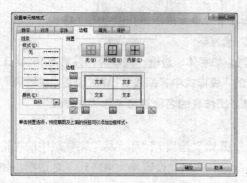

图 11-10　“边框”选项卡

成绩表					
					制表人：朱军
学号	姓名	程序设计	英语	电子商务	网络概论
2014001	陈洁	87	90	89	85
2014002	陈浩	78	60	74	79
2014003	韩杨杨	90	89	95	69
2014004	李海军	67	67	77	79
2014005	刘路	90	88	90	89
2014006	罗磊	60	56	67	67
2014007	沈成功	89	87	90	88
2014008	王振	74	93	60	56
2014009	王莉莉	60	77	89	87
2014010	张波	89	85	67	77
2014011	张芳	74	79	88	90
2014012	朱军	95	69	56	67
2014013	周杨	77	79	87	90

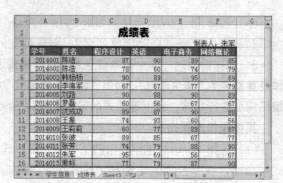

图 11-11　“成绩表”效果图

三、实训练习

1．在 Excel 2010 中，工作簿的创建、保存、打开和关闭有哪些方法？试通过实验进行相关练习。

2．单元格、行、列及工作表的插入与删除方法有哪些？试通过实验进行相关练习。

3．制作如图 11-12 所示的课程表。

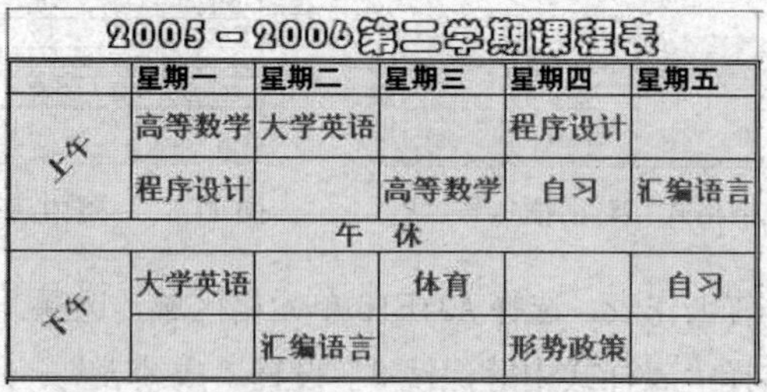

2005－2006第二学期课程表					
	星期一	星期二	星期三	星期四	星期五
上午	高等数学	大学英语		程序设计	
	程序设计		高等数学	自习	汇编语言
午　休					
下午	大学英语		体育		自习
		汇编语言		形势政策	

图 11-12　课程表

4．设计并制作本学期课程表，并能够熟练设置单元格格式。

实训 12
Excel 2010 的公式与函数

一、实训目的

1. 能够理解公式与函数的区别。
2. 掌握单元格地址的相对引用与绝对引用。
3. 熟练使用公式与函数进行单元格计算。
4. 熟练使用条件格式进行单元格计算。

二、实训内容和步骤

1.打开"实验一.xlsx",修改"成绩表"内容,增加平均分与名次列,并利用 AVERAGE()函数与 RANK()函数进行求值。利用条件格式将不及格的分数突出显示。

具体操作步骤如下。

(1)在 G3 与 H3 单元格中输入"平均分"与"名次",则表格会按原有格式自动扩展。

(2)标题与制表人行重新合并居中与合并右对齐。

(3)单击 G4 单元格,选择"公式"→"插入函数"命令,在弹出的对话框中选择 AVERAGE()函数,函数参数为 C4:F4 单元格区域。利用填充柄向下填充其他学生的平均分。单击 H4 单元格,选择"公式"→"插入函数"命令,在弹出的对话框中找到 RANK()函数,单击"确定"按钮,弹出"函数参数"对话框,在其中填写相应的参数值,如图 12-1 所示。

图 12-1 AVERAGE()与 RANK()的"函数参数"对话框

其中，Number 代表要排位的数值；Ref 代表数值所引用的单元格区域，即在哪一个范围进行排位；Order 代表排位方式。如果为 0 或忽略，则降序；非 0 值，则升序。

在"函数参数"对话框中，利用 按钮隐藏对话框后，在工作表中选择单元格区域作为函数参数，或者直接输入相应的单元格地址。由于下面要利用自动填充功能，所以在 Ref 参数中的单元格区域应采用绝对引用地址，这样在填充的过程中排位所依据的范围才不会改变。在 Ref 后的文本框中单击 G4，按【F4】键，再单击 G16，按【F4】键，这样可以快速将两个地址改变为绝对引用地址。单击"确定"按钮，陈洁的名次便出现在 H4 单元格中，然后利用填充柄向下填充其他学生的名次。

（4）设置 G4:G16 单元格区域的格式为数值型，保留两位小数位数；设置 H4:H16 单元格区域的格式为常规。可以在"开始"选项卡"数字"工作组中设置，也可以在"单元格格式"对话框中设置。

（5）选择 C4:F16 单元格区域，选择"样式"→"条件格式"命令中的"小于"选项，弹出"小于"对话框，设置如图 12-2 所示。利用"自定义格式"将不及格的分数以蓝色、加粗和删除线的效果突出显示。

图 12-2　"小于"对话框与"自定义格式"对话框

单击"确定"按钮，修改后的成绩表如图 12-3 所示。

	A	B	C	D	E	F	G	H
1	成绩表							
2							制表人：朱军	
3	学号	姓名	程序设计	英语	电子商务	网络概论	平均分	名次
4	2014001	陈洁	87	90	89	85	87.75	3
5	2014002	陈浩	78	60	74	79	72.75	9
6	2014003	韩杨杨	90	89	95	69	85.75	4
7	2014004	李海军	67	67	77	79	72.50	10
8	2014005	刘路	90	88	90	89	89.25	1
9	2014006	罗磊	60	56	67	67	62.50	13
10	2014007	沈成功	89	87	90	88	88.50	2
11	2014008	王振	74	93	60	56	70.75	12
12	2014009	王莉莉	60	77	89	87	78.25	8
13	2014010	张波	89	85	67	77	79.50	7
14	2014011	张芳	74	79	88	90	82.75	6
15	2014012	朱军	95	69	56	67	71.75	11
16	2014013	周标	77	79	87	90	83.25	5

图 12-3　"成绩表"效果图

2．针对"学生信息"工作表统计男生与女生的比例。

具体操作步骤如下。

（1）选择"学生信息"工作表。

（2）在 A18、A19、A20 单元格依次输入"男生"、"女生"和"总人数"。

（3）利用 COUNTIF 函数求男生的人数。选择 B18 为当前单元格，选择"公式"选项卡中的"插入函数"命令，设置参数如图 12-4 所示。利用相同的方法求女生的人数。

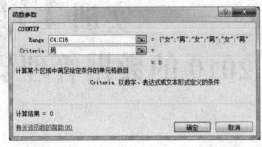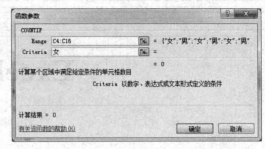

图 12-4　"成绩表"效果图

（4）利用公式求总人数。选择 B20 为当前单元格，输入"="，单击 B18 单元格，再输入"+"，然后单击 B19 单元格，在数据编辑栏单击 ✔ 按钮即可。

（5）选择 C18 单元格，输入公式"=B18/$B$20"，公式中单元格的引用可以利用单击该单元格的方法。为了在 B19 单元格中填充公式，要利用【F4】功能键将 B20 单元格的引用改为绝对引用。

（6）选择 C18 单元格，利用填充柄向下填充，得到女生的比例。

（7）选择 C18：C19 单元格区域，在"数字"选项卡中设置为百分比样式，并增加小数位数为 1 位。

3. 删除 Sheet3 工作表，然后保存。

具体操作步骤如下。

（1）在 Sheet3 工作表标签上右击，在弹出的快捷菜单中选择"删除"命令。

（2）单击快速访问工具栏中的"保存"按钮，修改后的内容保存在原位置的原文件中，即 D 盘以自己名字命名的文件夹中的"实验一.xlsx"。

三、实训练习

1. 公式与函数的区别是什么？请利用公式与函数进行数据的有效录入操作，熟练使用 Sum()、Average()、Max()、Min()、Rank()、Count() 及 If() 函数，试通过实验进行相关练习。

2. 设计并制作成绩表，能够实现基本的统计运算，如求总分、平均分、名次、最大值和最小值等。

实训 **13**
Excel 2010 的数据管理

一、实训目的

1. 掌握工作表中数据清单的创建与编辑。
2. 熟练使用排序、筛选和分类汇总等操作。

二、实训内容和步骤

1. 打开"实验一.xlsx",将"成绩表"复制到新的工作簿中,并在相同文件夹中保存新工作簿为"实验二.xlsx"。

具体操作步骤如下。

(1)打开"我的电脑"窗口或资源管理器窗口,在D盘找到以自己的名字命名的文件夹,双击将其打开,找到"实验一.xlsx",双击打开。

(2)指向"成绩表"工作表标签并单击鼠标右键,在弹出的快捷菜单中选择"移动或复制工作表"命令(见图13-1(a)),弹出"移动或复制工作表"对话框,如图13-1(b)所示。在"将选定工作表移至工作簿"下拉列表框中选择"(新工作簿)"选项,选中"建立副本"复选框(选中此复选框表示对工作表进行复制操作,如果不选中则表示移动操作),单击"确定"按钮,将"成绩表"复制到新的工作簿中。

(a)

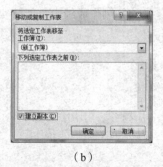

(b)

图 13-1　工作表的快捷菜单与"移动或复制工作表"对话框

（3）保存新工作簿，位置是 D 盘以自己名字命名的文件夹，文件名为"实验二.xlsx"。

2. 利用数据清单在周标同学后面增加一条学生记录——"2014014"，"周龙"，"77"，"84"，"71"，"81"，并重新计算平均分与名次。

具体操作步骤如下。

（1）选择 A3:H16 单元格区域。

（2）选择快速访问工具栏的"记录单"命令，弹出"成绩表"对话框，单击"新建"按钮，增加一条学生记录——"2014014"，"周龙"，"77"，"84"，"71"，"81"，如图 13-2 所示。

（3）单击"关闭"按钮，周龙的平均分与名次系统自动求出，如图 13-3 所示。仔细观察会发现，平均分计算是正确的，所有同学的名次计算并没有因为增加了一位同学而出现错误，RANK()函数的第二个参数 Ref 的值"$G$4:$G$16"自动更改为"$G$4:$G$17"。

图 13-2 "成绩表"对话框

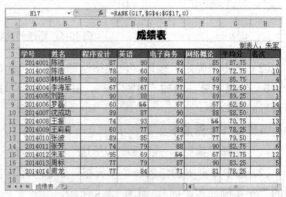

图 13-3 H17 在编辑栏中的内容显示

3. 按名次升序排序，如果有相同的名次，则按英语的降序排序。

具体操作步骤如下。

（1）选择 A3:H17 单元格区域，选择"数据"选项卡"排序和筛选"工作组中的"排序"命令，弹出"排序"对话框，按照图 13-4 所示进行设置。

（2）排序后的成绩表如图 13-5 所示。

图 13-4 "排序"对话框

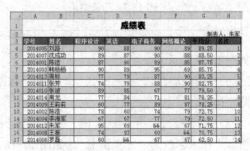

图 13-5 排序结果

4. 筛选数据，统计"成绩表"中"程序设计"成绩在 90 分以上（含 90 分）的学生。

具体操作步骤如下。

（1）选择 A3:H17 单元格区域中的某一单元格，选择"数据"选项卡"排序和筛选"工作组中的"筛选"命令，则每一个字段名上会出现一个下拉按钮，单击"程序设计"上的下拉按钮，在下拉菜单中选择"数字筛选"选项中的"自定义筛选"命令，如图 13-6（a）所示，并按照图 13-6（b）设置筛选条件。

（a）

（b）

图 13-6　筛选的自定义设置

（2）单击"确定"按钮，自动筛选结果如图 13-7 所示。

5. 分类汇总，增加"性别"列，并按"性别"排序，然后按"性别"统计"成绩表"中每门课程的平均分。

具体操作步骤如下。

（1）选择"数据"→"排序和筛选"→"筛选"命令，取消筛选。

（2）选中 C 列中的任意一个单元格，如 C3，单击鼠标右键，在弹出的快捷菜单中选择"插入"中的"在左侧插入表列"，如图 13-8 所示。

图 13-7　筛选结果

图 13-8　"插入"对话框

（3）选中"整列"单选按钮，单击"确定"按钮，在 C 列左侧插入一个空列。输入的相应内容如图 13-9 所示。

（4）选择 A3:I17 单元格区域，选择"数据"→"排序和筛选"→"排序"命令，以性别进行降序排序。

（5）选择 A3:I17 单元格区域，将其复制，在新的工作表中利用"选择性粘贴"，只粘贴数值，并将其工作表名改为"分类汇总"，如图 13-10 所示。

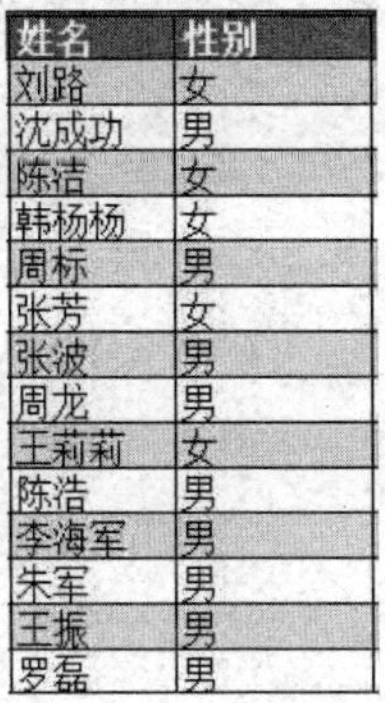

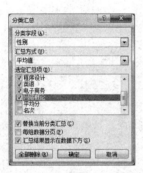

姓名	性别
刘路	女
沈成功	男
陈洁	女
韩杨杨	女
周标	男
张芳	女
张波	男
周龙	男
王莉莉	女
陈浩	男
李海军	男
朱军	男
王振	男
罗磊	男

图 13-9　性别字段

	A	B	C	D	E	F	G	H	I
1	成绩表								
2	制表人：朱军								
3	学号	姓名	性别	程序设计	英语	电子商务	网络概论	平均分	名次
4	2014007	沈成功	男	89	87	90	88	88.5	2
5	2014013	周标	男	77	79	87	90	83.25	5
6	2014010	张波	男	89	85	67	77	79.5	7
7	2014014	周龙	男	77	84	71	81	78.25	8
8	2014002	陈浩	男	78	60	74	79	72.75	10
9	2014004	李海军	男	67	67	77	79	72.5	11
10	2014012	朱军	男	95	69	56	67	71.75	12
11	2014008	王振	男	74	93	60	56	70.75	13
12	2014006	罗磊	男	60	56	67	67	62.5	14
13	2014005	刘路	女	90	88	90	89	89.25	1
14	2014001	陈洁	女	87	90	89	85	87.75	3
15	2014003	韩杨杨	女	90	89	95	69	85.75	4
16	2014011	张芳	女	74	79	88	90	82.75	6
17	2014009	王莉莉	女	60	77	89	87	78.25	8
18									

成绩表　分类汇总

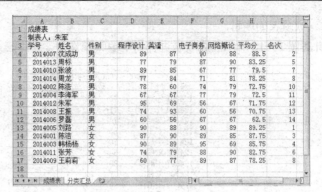

图 13-10　数据表

（6）选择 A3:I17 单元格区域，选择“数据”选项卡“分级显示”工作组中的“分类汇总”命令，弹出“分类汇总”对话框，按照图 13-11 进行设置。其中，在“选定汇总项”列表框中把每门课程都选中。

（7）单击“确定”按钮，分类汇总结果如图 13-12 所示。

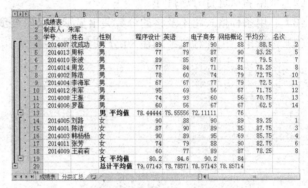

图 13-11　“分类汇总”对话框

	A	B	C	D	E	F	G	H	I
1	成绩表								
2	制表人：朱军								
3	学号	姓名	性别	程序设计	英语	电子商务	网络概论	平均分	名次
4	2014007	沈成功	男	89	87	90	88	88.5	2
5	2014013	周标	男	77	79	87	90	83.25	5
6	2014010	张波	男	89	85	67	77	79.5	7
7	2014014	周龙	男	77	84	71	81	78.25	8
8	2014002	陈浩	男	78	60	74	79	72.75	10
9	2014004	李海军	男	67	67	77	79	72.5	11
10	2014012	朱军	男	95	69	56	67	71.75	12
11	2014008	王振	男	74	93	60	56	70.75	13
12	2014006	罗磊	男	60	56	67	67	62.5	14
13			**男 平均值**	78.44444	75.55556	72.11111	76		
14	2014005	刘路	女	90	88	90	89	89.25	1
15	2014001	陈洁	女	87	90	89	85	87.75	3
16	2014003	韩杨杨	女	90	89	95	69	85.75	4
17	2014011	张芳	女	74	79	88	90	82.75	6
18	2014009	王莉莉	女	60	77	89	87	78.25	8
19			**女 平均值**	80.2	84.6	90.2	84		
20			**总计平均值**	79.07143	78.78571	78.57143	78.85714		

成绩表　分类汇总

图 13-12　分类汇总结果

6. 取消分类汇总，保存该工作簿。

具体操作步骤如下。

（1）选择 A3:I20 单元格区域，选择“数据”选项卡“分级显示”工作组中的“分类汇总”命令，弹出“分类汇总”对话框，单击“全部删除”按钮，取消分类汇总结果。

（2）单击快速访问工具栏中的“保存”按钮，则修改后的内容保存在原位置的原文件中，即 D 盘以自己名字命名的文件夹中的“实验二.xlsx”。

三、实训练习

1. 利用记录单创建与编辑数据清单，并通过实验进行相关练习。

2. 在 Excel 2010 中，数据的筛选、排序和分类汇总等操作有什么实际意义？试利用它们进行相关数据的统计工作。

3.“实验二.xlsx”中如果增加的不是性别字段，而是班级或专业字段，试利用“分类汇总”操作按“班级”或“专业”字段进行某些课程成绩的求和、平均分、最大值或最小值等方面的比较。

4. 成绩表的编辑。

针对图 13-13 所示的成绩表进行如下编辑操作。

2005－2006第一学期期末成绩							
学号	姓名	语文	数学	英语	总分	平均分	名次
124001	陈建	70	92	57			
124002	杜丹	71	91	62			
124003	胡旭	74	90	67			
124004	姜平	83	87	82			
124005	李旭	70	78	55			
124006	刘明	84	95	87			
124007	刘淑珍	80	88	77			
124008	刘伟	77	89	72			
124009	王海洋	90	87	70			
124010	王平	80	56	90			
124011	王旭	83	78	84			
124012	张强	88	80	89			
124013	张艳	82	95	86			
124014	赵海青	71	93	70			

图 13-13　成绩表

（1）利用求和函数、平均值函数与 Rank()函数求总分、平均分与名次。

（2）依据名次进行升序排序。

（3）利用条件格式将不及格的分数突出显示，以便查询。

（4）筛选出三门课程成绩均在 80 分以上的学生。

实训 14 Excel 2010 的图表操作

一、实训目的

1. 掌握图表的创建及编辑方法。
2. 掌握工作表页面设置方法。

二、实训内容和步骤

1. 打开“实验二.xlsx”，将“成绩表”工作表中的内容复制到新建工作簿的 Sheet1 工作表中，并在相同文件夹中保存新工作簿为“实验三.xlsx”。删除性别与电子商务课程两列，并调整表格。

具体操作步骤如下。

（1）打开“实验二.xlsx”，选择“成绩表”中的 A1:I17 单元格区域，按【Ctrl+C】组合键进行复制，新建工作簿，在 Sheet1 工作表中，单击 A1 单元格，按【Ctrl+V】组合键粘贴。

（2）保存工作簿，位置是 D 盘以自己名字命名的文件夹，在其中保存文件，文件名为“实验三.xlsx”。

（3）在列标上单击 C 列，按【Ctrl】键，单击 F 列，在被选定的列标上右击，在弹出的快捷菜单中选择“删除”命令。删除后的工作表如图 14-1 所示。

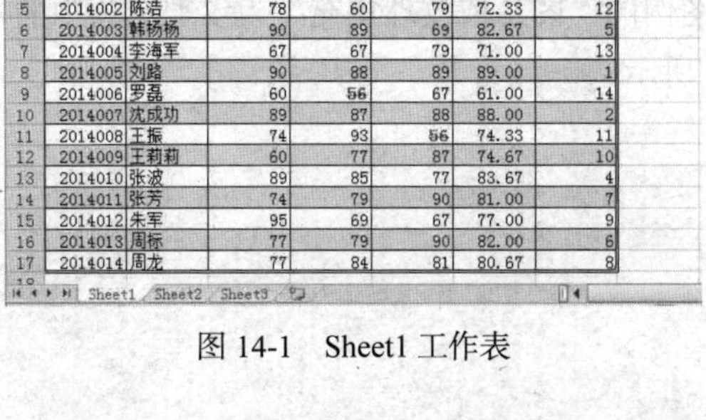
成绩表

制表人：朱军

学号	姓名	程序设计	英语	网络概论	平均分	名次
2014001	陈洁	87	90	85	87.33	3
2014002	陈浩	78	60	79	72.33	12
2014003	韩杨杨	90	89	69	82.67	5
2014004	李海军	67	67	79	71.00	13
2014005	刘路	90	88	89	89.00	1
2014006	罗磊	60	56	67	61.00	14
2014007	沈成功	89	87	88	88.00	2
2014008	王振	74	93	56	74.33	11
2014009	王莉莉	60	77	87	74.67	10
2014010	张波	89	85	77	83.67	4
2014011	张芳	74	79	90	81.00	7
2014012	朱军	95	69	67	77.00	9
2014013	周标	77	79	90	82.00	6
2014014	周龙	77	84	81	80.67	8

图 14-1 Sheet1 工作表

2. 选定姓名与三门课程为图表的源数据，创建图表，类型为三维簇状柱形图，在"图表标题"、"X轴"、"Y轴"填充框中输入相应的名称，以对象方式插入 Sheet1 中。

具体操作步骤如下。

（1）选择 B3:E17 单元格区域，选择"插入"选项卡"柱形图"工作组中的"三维簇状柱形图"命令，如图 14-2 所示。图表的效果如图 14-3 所示。

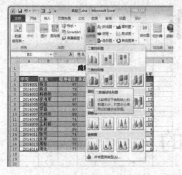

图 14-2　插入图表

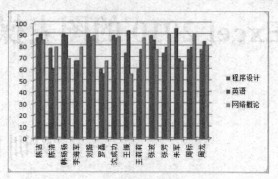

图 14-3　图表效果

（2）选择"图表工具"的"设计"选项卡"图表布局"工作组中的"布局 9"，如图 14-4所示。

（3）修改图表标题与坐标轴标题，图表最终效果如图 14-5 所示。

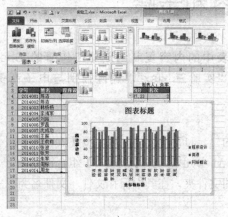

图 14-4　改变图表布局

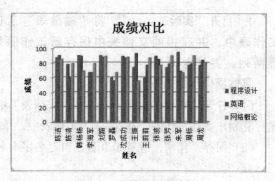

图 14-5　最终的图表效果

3. 编辑图表的各个部分，如图例、图表中标题的文字格式、图表类型、绘图区的颜色等。

具体操作步骤如下。

（1）指向图例，单击鼠标右键，在弹出的快捷菜单中选择，弹出"设置图例格式"对话框，在"填充"选项卡中设置图例的"图片或纹理填充"为纹理选项中的"水滴"，如图 14-6 所示；图例位置靠左，如图 14-7 所示。

图 14-6   设置"图片或纹理填充"　　　　　　图 14-7   设置图例位置

（2）在图表的空白处，单击鼠标右键，在弹出的快捷菜单中选择"设置图表区格式"选项，如图 14-8 所示。在弹出的"设置图表区格式"对话框中按图 14-9 进行设置，选择"渐变填充"的"预设颜色"中的"羊皮纸"。

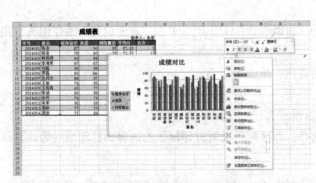

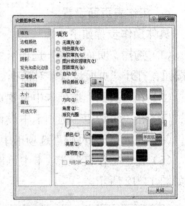

图 14-8   选择"设置图表区格式"选项　　　　图 14-9   设置"渐变填充"

（3）指向"程序设计"所在的柱形区域，单击鼠标右键，在弹出的快捷菜单中选择"设置数据系列格式"，在弹出的对话框中，按照图 14-10 进行设置。

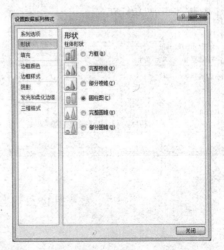

图 14-10   "设置数据系列格式"对话框的设置

（4）修改后的效果如图 14-11 所示。

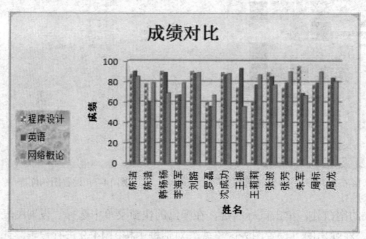

图 14-11　修改后的图表

4．工作表页面设置。

具体操作步骤如下。

（1）选择"页面布局"选项卡中的"页面设置"工作组，单击"页面设置"工作组右下角的 ⬚ 按钮，打开"页面设置"对话框。

（2）在"页面"选项卡中设置页面方向、纸张大小等。

（3）在"页边距"选项卡中设置上、下、左、右边距以及居中方式。

（4）在"页眉/页脚"选项卡中可以设置页眉/页脚。

（5）在"工作表"选项卡中可以选择打印区域，设置打印标题的内容和打印顺序等。具体设置如图 14-12 所示。

（a）　　　　　　　　　　　　　（b）

图 14-12　"页面设置"对话框

（c）

（d）

图 14-12　"页面设置"对话框（续）

设置完毕，单击"确定"按钮，利用打印预览观察打印效果，如果满意，则进行打印操作。

三、实训练习

1. 在 Excel 2010 中，系统默认的打印区域是当前工作表中的全部区域还是部分区域？通过实验进行有效性验证。

2. 根据"实验一.xlsx"、"实验二.xlsx"和"实验三.xlsx"中的数据，创建图表，使数据用更直观的图表方式呈现。

实训 15
PowerPoint 2010 的基本操作

一、实训目的

1. 了解 PowerPoint 2010 的启动、退出及窗口界面。
2. 熟悉演示文稿的创建、打开、保存及放映方法。
3. 掌握幻灯片的创建、选择、移动、复制、删除等基本操作。
4. 掌握幻灯片的视图切换、操作步骤的撤销与恢复等常用操作。
5. 学习主题、版式及模板的使用。

二、实训内容和步骤

1. PowerPoint 的启动

通过 Windows 的开始菜单，找到 PowerPoint 2010 启动项，单击。

> 如果 PowerPoint 经常使用，可以考虑在桌面创建 PowerPoint 的快捷方式，或 PowerPoint 启动后，将其锁定到任务栏。

2. 创建演示文稿

（1）创建空白演示文稿

启动 PowerPoint 后，即自动创建一个空白演示文稿。也可以通过"文件"菜单的"新建"功能（见图 15-1）来创建空白演示文稿。

图 15-1 "文件"菜单的"新建"功能

（2）创建应用主题的演示文稿

启动 PowerPoint 后，在"文件"菜单的"新建"功能中，选择"主题"创建某一主题的演示文稿。

演示文稿创建之后，在"设计"选项卡的"主题"工具组中可以更换演示文稿主题。

（3）根据模板创建演示文稿

启动 PowerPoint 后，在"文件"菜单的"新建"功能中，选择"样本模板"、"Office.com 模板"或"根据现有内容新建"，根据模板创建演示文稿。

可以从"最近打开的模板"中选择最近使用的模板。

3. 切换幻灯片视图

通过"幻灯片视图选择区"或"视图"选项卡中的"演示文稿视图"工具组进行。

幻灯片视图有普通视图、幻灯片浏览视图、备注页视图和阅读视图 4 种。编辑幻灯片使用普通视图。

4. 新建幻灯片

（1）增加新幻灯片

在"开始"选项卡"幻灯片"工具组（见图 15-2）中，单击"新建幻灯片"工具的下部，选择新幻灯片的版式。

图 15-2　"开始"选项卡中的"幻灯片"工具组

（2）复制已有幻灯片创建新幻灯片

在"开始"选项卡的"幻灯片"工具组中，单击"新建幻灯片"工具的下部，选择"复制所选幻灯片"。

（3）复制其他演示文稿中的幻灯片创建新幻灯片

在"开始"选项卡"幻灯片"工具组中，单击"新建幻灯片"工具的下部，选择"重用幻灯片"。

　　增加新幻灯片时，如果单击"新建幻灯片"工具的上部，将以当前幻灯片的版式创建新幻灯片（当前幻灯片是标题幻灯片时例外）。

5. 更换幻灯片版式

使用"开始"选项卡"幻灯片"工具组的"版式"工具（见图15-2）。

6. 选择幻灯片

（1）选择单张幻灯片

在普通视图左窗格的"幻灯片"选项卡中，单击幻灯片。

（2）选择多张连续的幻灯片

在普通视图左窗格的"幻灯片"选项卡中，单击第1张幻灯片，按住【Shift】键不放，再单击另一张幻灯片，则两张幻灯片之间的所有幻灯片均被选择。

（3）选择多张不连续的幻灯片

在普通视图左窗格的"幻灯片"选项卡中，单击要选择的第1张幻灯片，按住【Ctrl】键不放，再依次单击需要选择的其他幻灯片。

　　在按住【Ctrl】键的情况下，如果单击已经选过的幻灯片，则取消对该幻灯片的选择。

（4）选择全部幻灯片

在普通视图左窗格的"幻灯片"选项卡中，按【Ctrl+A】组合键。

7. 移动幻灯片

在普通视图左窗格的"幻灯片"选项卡中，拖动所选的幻灯片至目标位置放下。

8. 复制幻灯片

在普通视图左窗格的"幻灯片"选项卡中，拖动所选的幻灯片后按住【Ctrl】键至目标位置放下。

9. 删除幻灯片

在普通视图左窗格的"幻灯片"选项卡中，选中要删除的幻灯片后按【Delete】键。

　　在"幻灯片"选项卡中，通过快捷菜单，也可以进行相关操作，如幻灯片的移动、复制、删除等。另外，通过"开始"选项卡中的"剪贴板"工具组也可以进行幻灯片的移动、复制、删除操作。

10. 通过版式中的占位符添加幻灯片元素

在幻灯片编辑区，单击占位符或单击占位符中提示的元素类型，添加相应元素。

11. 操作步骤的撤销与恢复

往回撤销操作使用"快速访问工具栏"中的撤销工具：单击工具左边的斜箭头一步一步地往回撤销；单击工具右边的向下箭头，可以选择撤销到哪一步。

往前恢复撤销的操作使用"快速访问工具栏"中的恢复工具。

12. 演示文稿的保存

通过"快速访问工具栏"中的"保存"工具，或使用"文件"菜单中的"保存"功能保存。

 在关闭 PowerPoint 时，如果发现有未保存的内容，也会提醒保存。

 第一次保存演示文稿时，会要求选择保存位置和保存类型、为演示文稿命名。一般情况下，演示文稿保存为".pptx"类型。

 为方便放映，演示文稿完成并保存好后，还要另存为（使用"文件"菜单下的"另存为"功能）放映类型（即".ppsx"类型）。在文件夹窗口中，双击放映类型的演示文稿时，将直接放映。

13. 演示文稿的放映

通过"幻灯片视图选择区"右边的"幻灯片放映"工具，或使用"幻灯片放映"选项卡"开始放映幻灯片"工具组中的相关工具。

 在演示文稿放映过程中，如果幻灯片或幻灯片元素不能自动推进，则需要按回车键、单击鼠标或使用鼠标滚轮。按【Esc】键，退出放映状态。

14. PowerPoint 的退出

PowerPoint 的退出可以使用如下方法。

（1）单击 PowerPoint 窗口右上角的"关闭"按钮。

（2）双击 PowerPoint 窗口左上角的图图标，或单击它，然后选择"关闭"。

（3）按【Alt+F4】组合键。

（4）使用"文件"菜单中的"退出"功能。

15. 演示文稿的打开

在文件夹窗口中，双击演示文稿，或者先启动 PowerPoint，然后通过"文件"菜单的"打开"功能或"最近所用文件"功能打开演示文稿。

三、实训练习

1. 制作一个自我介绍的演示文稿，要求如下。

（1）为演示文稿选择一个主题（不要使用默认的 Office 主题）。

（2）幻灯片全部通过版式中的占位符添加元素。

2. 通过"样本模板"中的"都市相册"模板制作一个相册演示文稿。

 模板中的图片通过"图片工具格式"选项卡"调整"工具组中的"更改图片"工具进行置换。

实训 16
幻灯片的制作

一、实训目的

1. 熟悉幻灯片元素的选择、组合、对齐、调整叠放次序等基本操作。
2. 熟悉幻灯片的各种元素，掌握幻灯片元素的使用。
3. 掌握超链接设置、动作设置、背景设置、页眉页脚设置等。
4. 学习幻灯片的制作。

二、实训内容和步骤

1. 文本框的应用

（1）文本框的放置

选择"开始"选项卡"绘图"工具组中的"文本框"工具或"插入"选项卡"文本"工具组中的"文本框"工具；在幻灯片上拖动鼠标放置文本框；在文本框中输入文字。

在文本框中输入文字时，可以回车换行。换行后的内容将是一个新的段落（标题占位符例外）。

（2）文本框中文本的操作

在文本框内拖动鼠标选取文本，或单击文本框边界处选中整个文本框；设置字体时，使用"开始"选项卡中的"字体"工具组；设置段落时，使用"开始"选项卡中的"段落"工具组；设置艺术字时，使用"格式"选项卡中的"艺术字样式"工具组。

设置某个段落时，先将光标置于该段落内。

也可以使用"插入"选项卡"文本"工具组中的"艺术字"工具插入艺术字。

（3）文本框样式的设置

选中文本框，通过"开始"选项卡"绘图"工具组"快速样式"工具或"绘图工具格式"选项卡中的"形状样式"工具组选择文本框的样式。

也可以通过"绘图"工具组或"形状样式"工具组中的"形状填充"工具、"形状轮廓"工具及"形状效果"工具调整文本框的样式。

幻灯片元素的共性操作，如选择、移动、复制、删除、改变大小等，参见教材。需要注意的是，在这些共性操作中，不同的元素，在某些环节有细节上的差别。

2. 形状的应用

（1）形状的放置

在"开始"选项卡"绘图"工具组或"插入"选项卡"插图"工具组的"形状"工具中选择形状；在幻灯片上拖动鼠标放置形状。

（2）在形状中输入文字

单击形状，然后输入文字。

单击后，选择框是矩形才可以输入文字。形状中文字的设置同文本框。

（3）形状样式的设置

同文本框。

3. 图像的应用

（1）图像的放置

通过"插入"选项卡中的"图像"工具组进行。

（2）设置图像的格式

通过"图片工具格式"选项卡进行。

4. SmartArt 图形的应用

（1）SmartArt 图形的放置

单击"插入"选项卡"插图"工具组中的"SmartArt"工具；选择相应的 SmartArt 图形；在 SmartArt 图形中加入文字或图片。

（2）添加 SmartArt 图形中的形状（部件）

单击 SmartArt 图形，在"SmartArt 工具设计"选项卡的"创建图形"工具组中单击"添加形状"工具进行添加。

（3）删除 SmartArt 图形中的形状（部件）

选中 SmartArt 图形中的形状（部件），按【Delete】键。

（4）设置 SmartArt 图形的样式

单击 SmartArt 图形，在"SmartArt 工具设计"选项卡的"SmartArt 样式"工具组中选择 SmartArt 样式。

（5）调整 SmartArt 图形的布局

单击 SmartArt 图形，在"SmartArt 工具设计"选项卡的"布局"工具组中选择新的布局。

（6）设置 SmartArt 图形中形状（部件）的格式

选中 SmartArt 图形中的形状（部件），通过"SmartArt 工具格式"选项卡进行设置。

5. 表格的应用

（1）表格的放置

① 设置表格。

单击"插入"选项卡"表格"工具组中的"表格"工具；在方格区移动鼠标设置表格行数和列数；单击鼠标。

或者单击"插入"选项卡"表格"工具组中的"表格"工具；选择"插入表格"；在"插入表格"对话框中设置表格行数和列数。

② 绘制表格。

单击"插入"选项卡"表格"工具组中的"表格"工具；选择"绘制表格"；在幻灯片上拖动鼠标绘制表格外框；选择"表格工具设计"选项卡"绘制边框"工具组中的"绘制表格"工具；在刚才绘制的表格外框中水平或垂直拖动鼠标绘制表格内线；绘制完毕，再次单击"表格工具设计"选项卡"绘制边框"工具组中的"绘制表格"工具。

③ 放置 Excel 表格。

单击"插入"选项卡"表格"工具组中的"表格"工具；选择"Excel 电子表格"。

提示：Excel 表格的操作见 Excel 部分。

（2）设置表格样式

单击表格；在"表格工具设计"选项卡的"表格样式"工具组中选择表格样式。

该工具组中的"底纹"工具、"边框"工具及"效果"工具用来调整表格样式。

（3）表格行、列调整，单元格合并、拆分等

单击表格；在"表格工具布局"选项卡中选择相关工具。

（4）设置表格中文本的格式

选择表格中的文本，字体、段落设置使用"开始"选项卡中的"字体"工具组和"段落"工具组；设置艺术字样式使用"表格工具设计"选项卡中的"艺术字样式"工具组。

6. 图表的应用

（1）图表的放置

选择"插入"选项卡"插图"工具组中的"图表"工具；在"插入图表"对话框中选择图表类型；在 Excel 窗口中调整数据区域大小、填写图表数据。

图表的构成较复杂，但本质上是由许多形状元素组成的。

（2）图表的设置

单击图表，通过"图表工具设计"选项卡可以进行更改图表类型、编辑图表数据、改变图表布局、设置图表样式等操作。

（3）设置图表各组成部分

单击图表，通过"图表工具布局"选项卡可以设置图表的各组成部分，如图例的位置等。

（4）选择图表构成元素

在图表上单击鼠标，选择和单击处同一类的构成元素，进一步单击则选择单击处的构成元素。

（5）图表构成元素的设置

选择图表的构成元素，通过"图表工具格式"选项卡设置样式。如果选定的构成元素包含文本，则还可以通过"图表工具格式"选项卡设置艺术字效果、通过"开始"选项卡中的"字体"工具组和"段落"工具组设置字体和段落。

7. 视频的应用

（1）视频的放置

单击"插入"选项卡"媒体"工具组中"视频"工具的上部分；在"插入视频文件"对话框中选择视频文件。

 单击"插入"选项卡"媒体"工具组"视频"工具的下部分，可以选择视频来源。

（2）设置视频的格式

单击视频，在"视频工具格式"选项卡中，设置视频样式、视频形状等。

（3）设置视频的播放方式

单击视频，在"视频工具播放"选项卡中，设置视频的播放方式。

8. 音频的应用

（1）音频的放置

单击"插入"选项卡"媒体"工具组"音频"工具的上部分；在"插入音频"对话框中选择音频文件。

 单击"插入"选项卡"媒体"工具组"音频"工具的下部分，可以选择音频来源。

（2）音频的播放放置

单击音频，在"音频工具播放"选项卡中，设置音频的播放方式。

 背景音乐的设置参见教材。

9. 调整幻灯片元素的叠放次序

选择幻灯片元素；选择"格式"选项卡"排列"工具组中的有关工具调整元素叠放次序。

10. 超链接设置

选择幻灯片元素或文本；单击"插入"选项卡"链接"工具组中的"超链接"工具；在"插入超链接"对话框中设置超链接。

 在超链接处右击鼠标，从快捷菜单中可以取消超链接。

11. 设置动作

选择幻灯片元素或文本；单击"插入"选项卡"链接"工具组中的"动作"工具；在"动作设置"对话框中设置动作。

12. 组合幻灯片元素

选择要组合的幻灯片元素；通过"格式"选项卡"排列"工具组中的"组合"工具进行组合。

该工具也可以用来取消组合。

13. 对齐幻灯片元素

选择要对齐的幻灯片元素；通过"格式"选项卡"排列"工具组中的"对齐"工具进行对齐。

14. 设置背景

（1）更改背景样式

单击"设计"选项卡"背景"工具组中的"背景样式"工具；选择背景样式。

（2）设置主题以外的背景

单击"设计"选项卡"背景"工具组中的"背景样式"工具；单击"设置背景格式"；在"设置背景格式"对话框中设置背景；单击"关闭"按钮，则设置的背景作为所选幻灯片的背景，单击"全部应用"按钮，则设置的背景作为整个演示文稿的背景。

15. 为幻灯片添加页眉、页脚

单击"插入"选项卡"文本"工具组中的"页眉和页脚"工具；在"页眉和页脚"对话框中，设置页眉页脚的内容；单击"应用"按钮，则所选幻灯片应用页眉页脚，单击"全部应用"按钮，则整个演示文稿应用页眉页脚。

三、实训练习

1. 制作一个演示文稿，要求如下。

（1）内容自定。

（2）每张幻灯片使用空白版式。

（3）第一张幻灯片有艺术字标题、制作者信息，整个演示文稿有背景音乐。

（4）后面的幻灯片上要有如下元素：文本框、形状、图像、SmartArt 图形、表格和图表。

（5）为幻灯片设置背景，第一张幻灯片使用单独的背景。

（6）为幻灯片添加页眉页脚：显示自动日期和幻灯片编号。

2. 制作一个视频欣赏演示文稿，要求如下。

（1）先出现视频目录，单击某一目录项，即转到相应的视频幻灯片。

（2）视频目录使用 SmartArt 图形实现。

实训 17
动画设置与演示文稿的输出

一、实训目的

1. 掌握幻灯片切换动画的设置。
2. 掌握幻灯片元素动画的设置。
3. 了解放映方式、自定义幻灯片放映、排练计时等，熟悉放映操作。
4. 熟悉演示文稿打包、将演示文稿制作成视频等操作。
5. 学习动画的运用。

二、实训内容和步骤

1. 设置幻灯片切换动画

（1）设置部分幻灯片切换动画

选择相应幻灯片；在"切换"选项卡的"切换到此幻灯片"工具组中选择切换方式、切换效果选项，在"计时"工具组中选择切换的声音、切换持续时间及换片方式。

（2）设置全部幻灯片切换动画

在"切换"选项卡的"切换到此幻灯片"工具组中选择切换方式、切换效果选项，在"计时"工具组中选择切换的声音、切换持续时间及换片方式；单击"计时"工具组中的"全部应用"工具。

2. 设置幻灯片元素动画

（1）打开动画窗格

单击"动画"选项卡"高级动画"工具组中的"动画窗格"工具。

（2）设置元素动画

选择幻灯片元素；在"动画"选项卡的"动画"工具组中选择相应的动画效果并设置效果选项（单击"动画"工具组右下角的 ，在出现的对话框中可以设置更多的效果，如设置伴随动画的声音、动画重复播放等），在"动画"选项卡"计时"工具组的"开始"工具处设置动画如何开始播放，通过"动画"选项卡"高级动画"工具组的"触发"工具设置触发动画播放的事件。

幻灯片元素动画包括进场动画、场中动画和退场动画 3 种，设置方法相同。PowerPoint 中，进入动画即进场动画，强调动画和路径动画即场中动画，退出动画即退场动画。

（3）为已设置过动画的元素再添加动画

选择相应元素；单击"动画"选项卡"高级动画"工具组中的"添加动画"工具；选择动画效果；设置效果选项、动画开始播放等（同第一次动画设置）。

（4）调整动画播放顺序

在动画窗格中单击选择某一动画；单击动画窗格下部的向上或向下箭头，或单击"动画"选项卡"计时"工具组中的"向前移动"、"向后移动"工具。

（5）调整动画设置

在动画窗格中选择动画；在"动画"选项卡重新进行相关设置。

在动画窗格中，单击所选动画右边的向下箭头，也可以选择有关操作。

（6）删除动画

在动画窗格中选择动画；按【Delete】键，或单击所选动画右边的向下箭头，然后选择"删除"。

（7）动画刷的使用

① 复制某个动画设置到另一个元素上。

选择要复制其动画的某个元素；单击"动画"选项卡"高级动画"工具组中的"动画刷"工具；单击欲应用相同动画的元素。

② 复制某个动画设置到多个元素上。

选择要复制其动画的某个元素；双击"动画"选项卡"高级动画"工具组中的"动画刷"工具以"拿起"动画刷；依次单击欲应用相同动画的元素；单击"动画刷"工具以"放回"动画刷。

3. 放映方式设置

单击"幻灯片放映"选项卡"设置"工具组中的"设置幻灯片放映"工具；在"设置放映方式"对话框（见图 17-1）中进行设置。

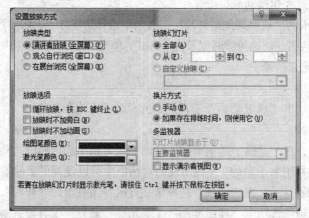

图 17-1　"设置放映方式"对话框

4. 自定义幻灯片放映

单击"幻灯片放映"选项卡"开始放映幻灯片"工具组的"自定义幻灯片放映"工具；选择"自定义放映"功能；在"自定义放映"对话框（见图 17-2）中单击"新建"按钮；在"定义自定义放映"对话框中设置要放映的幻灯片、为自定义放映命名；单击"定义自定义放映"对话框中的"确定"按钮；单击"自定义放映"对话框中的"关闭"按钮。

图 17-2 "自定义放映"对话框及"定义自定义放映"对话框

5. 演示文稿的放映

（1）从当前幻灯片放映

单击"幻灯片视图选择区"右边的"幻灯片放映"工具，或单击"幻灯片放映"选项卡"开始放映幻灯片"工具组中的"从当前幻灯片开始"工具，或按【Shift+F5】组合键。

（2）从头开始放映

单击"幻灯片放映"选项卡"开始放映幻灯片"工具组中的"从头开始"工具，或按【F5】键。

（3）自定义幻灯片放映的放映

单击"幻灯片放映"选项卡"开始放映幻灯片"工具组中的"自定义幻灯片放映"工具；选择自定义放映的名称。

 在演示文稿放映过程中，如果幻灯片或幻灯片元素不能自动推进，则需要按回车键、单击鼠标或使用鼠标滚轮。按【Esc】键，退出放映状态。

6. 排练计时

单击"幻灯片放映"选项卡"设置"工具组中的"排练计时"工具，这样，放映一遍的时间就会被记录下来。

 在幻灯片浏览视图中，可以看到每张幻灯片的放映时间。

 排练计时是为"在展台浏览"类型放映做准备工作。

7. 演示文稿的打包

在"文件"菜单中依次选择"保存并发送"、"将演示文稿打包成 CD"、"打包成 CD"；

在"打包成 CD"对话框（见图 17-3）中单击"复制到文件夹"按钮。

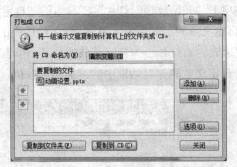

图 17-3　"打包成 CD"对话框

打包得到的文件夹可以拿到没有安装 PowerPoint 的计算机上播放。

8．将演示文稿制作成视频

在"文件"菜单中依次选择"保存并发送"、"创建视频"、"创建视频"；在"另存为"对话框中选择保存位置、为视频文件命名、选择视频类型。

三、实训练习

1．在上一实训练习第一题演示文稿的基础上进行如下操作。

（1）第一张幻灯片的切换动画设为"时钟"，有掌声，其余幻灯片的切换动画设为向左"推进"，无声音，所有幻灯片的换片方式为单击鼠标。

（2）为幻灯片上的每个元素设置动画。

（3）自定义两种放映组合并进行放映。

（4）将其制作成视频并观看视频效果。

2．通过剪贴画等素材，制作一个小型卡通片。

实训 18
Windows 网络环境和共享资源

一、实训目的

1. 掌握 TCP/IP 属性的设置。
2. 掌握 Windows 共享资源的设置和使用。

二、实训内容和步骤

1. 查看计算机上网络环境信息。

具体操作步骤如下。

（1）打开"控制面板"中的"网络和共享中心"标签，选择"更改适配器设置"，打开"本地连接属性"对话框，如图 18-1 所示。

图 18-1 "本地连接属性"对话框

（2）选择"Internet 协议版本 4（TCP/IP）"复选框，单击"属性"按钮，打开"Internet 协议版本 4（TCP/IP）属性"对话框，如图 18-2 所示。

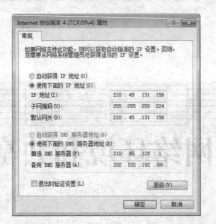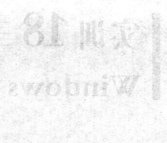

图 18-2　"Internet 协议版本 4（TCP/IP）属性"对话框

（3）配置本台计算机的 IP 地址、子网掩码、网关和 DNS 地址。

2. 使用 ipconfig 命令查看所使用的计算机上网卡配置信息。

（1）单击"开始"按钮，在搜索栏中输入"cmd"，如图 18-3 所示。或选择"开始"菜单下的"所有程序"→"附件"→"命令提示符"选项。

图 18-3　"运行"对话框框

（2）在弹出的"运行"对话框中输入"ipconfig"，即可显示所使用的计算机上网卡的配置信息，如图 18-4 所示。

图 18-4　网卡的配置信息

3．设置共享文件夹。

具体操作步骤如下。

（1）使用"Windows 资源管理器"建立名为"共享文件夹"的文件夹，并复制相应的文件到文件夹中。

（2）右击"共享文件夹"，从快捷菜单中选择"属性"对话框，选择"共享"选项卡，如图 18-5 所示。

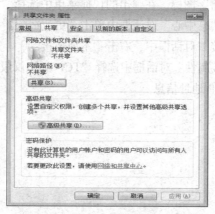

图 18-5　"共享文件夹属性"对话框

（3）单击"共享"选项卡中的"共享"按钮，输入共享名 "共享文件夹"，并单击"确定"按钮。

4．设置共享打印机。

具体操作步骤如下。

（1）在"控制面板"中，双击"设备和打印机"，打开 "设备和打印机"界面。

（2）右键单击要共享的打印机图标，从快捷菜单中选择"打印机属性"，在弹出的对话框中设置即可，如图 18-6 所示。

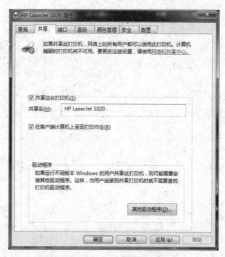

图 18-6　"共享"选项卡

三、实训练习

1．查询本机的 IP 地址。

操作提示：

（1）右击桌面上的"网络"图标，在弹出的快捷菜单中选择"属性"命令。

（2）在弹出的"网络和共享中心"对话框中单击"更改适配器设置"选项。

（3）在弹出的"网络连接"对话框中，右击"本地连接"。

（4）在弹出的"本地连接属性"对话框中选择"TCP/IP 协议版本 4（TCP/IP）"，再单击"属性"按钮，可以看到本机的 IP 地址信息。

实训 **19**
IE 浏览器和信息搜索

一、实训目的

1. 掌握 IE 浏览器的使用方法。
2. 掌握整个网页、网页中图片和网页中文字的保存方法。
3. 掌握从网上查找所需要信息的方法。

二、实训内容和步骤

1. IE 浏览器。

（1）设置 IE 浏览器的启动主页。

启动 IE 浏览器，选择"工具"→"Internet 选项"，打开"Internet 选项"对话框，在"主页"文本框中输入学校校园网的域名，如图 19-1 所示。

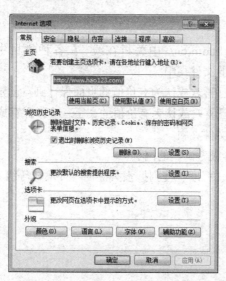

图 19-1　"Internet 选项"对话框

（2）在 IE 的地址栏内输入"www.baidu.com"，查看浏览器的内容。

（3）保存整个网页。

打开某个网页，选择"文件"→"另存为"命令，弹出"保存网页"对话框，在"保存类型"下拉列表框中选择"网页，全部"类型。

（4）保存网页中的图片。

打开某个网页，右击要保存的图片，在弹出的快捷菜单中选择"图片另存为"命令，弹出"保存图片"对话框，指定保存位置和文件名即可。

（5）保存网页中文字。

如果保存网页中的全部文字，保存方法与保存整个网页类似，选择保存类型为"文本文件"。

如果保存网页中的部分文字，则先选定要保存的文字并右击，在弹出的快捷菜单中选择"复制"命令，将内容复制到文件中。

2．搜索引擎。

具体操作步骤如下。

（1）通过百度 www.baidu.com 主页内的搜索器查找提供 mp3 的网站。

（2）在百度主页的搜索框内输入 mp3，单击"音乐"链接。

三、实训练习

1．IE 的基本设置。

操作提示：

（1）选择"工具"→"Internet 选项"命令，在弹出对话框的"常规"选项卡下将 http://www.hao123.com/设为主页。

（2）选择"工具"→"Internet 选项"命令，在弹出对话框的"常规"选项卡下设置网页保存在历史记录中的天数为 10 天，删除自己今天浏览的历史记录。

2．网页浏览和保存。

操作提示：

（1）浏览 http://www.zol.com.cn/ 中关村在线，在各种栏目中选择并下载自己喜欢的 5 张图片，另存到自己建立的文件夹中。

（2）在网站中找两篇自己喜欢或认为有价值的页面保存到自己建立的文件夹中。

（3）在网站中找两篇自己喜欢或认为有价值的文字，一个保存成 Word 文档，一个保存成文本文档，保存在自己建立的文件夹中。

3．搜索一个"计算机等级考试"的网页。

操作提示：分别用谷歌、百度、搜狗搜索关键词"计算机等级考试"，将搜索的网页保存到自己建立的 3 个文件夹中。

实训 20
电子邮件的收发与文件的上传、下载

一、实训目的

1. 掌握申请免费邮箱的方法。
2. 掌握邮箱的收发方法。
3. 掌握文件的下载方法。
4. 掌握文件的上传方法。

二、实训内容和步骤

1. 申请免费电子邮箱。

具体操作步骤如下。

（1）打开 www.163.com 的免费电子邮箱申请页面，如图 20-1 所示。

图 20-1　网易 163 免费邮箱申请页面

（2）打开"注册字母邮箱"按钮，填写相关信息后，单击"立即注册"即可完成电子邮箱申请。

2. 电子邮件的收发。

具体操作步骤如下。

（1）在 www.163.com 首页顶端点击"登录"，进入邮箱登录页面，输入刚申请的邮件账户及密码，如图 20-2 所示。

图 20-2　网易 163 免费邮箱登录页面

（2）写信与电子邮件发送：登录邮箱后，点击左侧的"写信"选项，如图 20-3 所示。

（3）输入收件人邮件地址和邮件主题、邮件内容，如果有要发送的图片等其他文件，则点击"添加附件"按钮，在选择文件对话框中选择要发送的附件文件，单击"打开"按钮，然后单击"发送"按钮，即可将邮件发送到指定邮箱，如图 20-4 所示。

图 20-3　网易 163 免费邮箱登录后页面

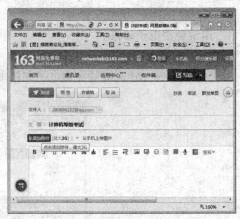

图 20-4　邮件编辑

3. 文件的下载。

具体操作步骤如下。

（1）在 Web 网页直接下载文件。

① 搜索有关"迅雷"的网页。

② 打开其中一个下载的网页，选中一个提供下载的链接。

③ 右击该链接，在弹出的快捷菜单中选择"目标另存为"命令，指定保存位置并开始下载程序。

（2）利用下载工具下载文件。

① 安装上一步下载的 Thunder7.9.35.4922.cxc 应用程序。

② 在网上查找一个 MP3 文件，选中该文件的下载链接。

③ 右击该链接，在弹出的快捷菜单中选择"使用迅雷下载"命令，打开迅雷程序，开始下载。

（3）在 FTP 界面中下载文件。

① 打开 IE，在地栏中输入 ftp://ftp.pku.edu.cn/；

② 进入清华大学的 FTP 服务器，选中 welcome.msg 并右击，在弹出的快捷菜单中选择"复制"命令。

③ 打开本地机 D 盘，选择"编辑"→"粘贴"命令，则文件被下载下来。

4. 文件的上传。

具体操作步骤如下。

（1）打开 IE，在地址栏中输入 FTP://192.168.0.100。输入用户名和密码，进入 FTP 服务器，用自己的学号新建一个文件夹，并将本地机的文件复制到文件夹中，则文件上传。

（2）利用 CutFTP 程序上传文件。

启动 CutFTP 程序，在"快速连接栏"的"主机"文本框中输入 192.168.0.100 后按"Enter"键，系统连接教师的 FTP 服务器。连接成功后，在"服务器目录"任务窗格中选择要上传到服务器的位置，然后在"本地驱动器"任务窗格中选中要上传的文件或文件夹并右击，在弹出的快捷菜单中选择"上传"命令即可。

三、实训练习

1. 搜索免费电子邮件网站，申请一个免费电子邮箱。
2. 发送一封带附件的测试邮件，收件人是自己。
3. 搜索""搜狗输入法"，分别用网页和迅雷完成下载。

实训 21
安全卫士与杀毒软件的使用

一、实训目的

1. 掌握 360 安全卫士的使用。
2. 掌握 360 杀毒软件的使用。

二、实训内容和步骤

1. 360 安全卫士的使用。

具体操作步骤如下。

（1）双击桌面上的 "360 安全卫士" 图标，启动 360 安全卫士，如图 21-1 所示。

图 21-1 "360 安全卫士" 界面

（2）360 安全卫士界面集 "电脑体检、查杀木马、清理插件、修复漏洞、清理垃圾、清理痕迹、系统修复" 等多种功能为一身，独创了 "木马防火墙" 功能，还具备开机加速、垃圾清理等多种系统优化功能，可大大加快计算机运行速度，内含的 360 软件管家还可轻松下载、升级和强力卸载各种应用软件。

94

（3）电脑体验：对计算机系统进行快速一键扫描，对木马病毒、系统漏洞、差评插件等问题进行修复，并全面解决潜在的安全风险，提高运行速度。

（4）查杀木马：先进的启发式引擎，智能查杀未知木马和云安全引擎双剑合一查杀能力倍增，如果使用常规扫描后感觉计算机仍然存在问题，还可尝试 360 强力查杀模式。

（5）清理插件：可以给浏览器和系统瘦身，提高计算机和浏览器速度。根据评分、好评率、恶评率来管理。

（6）修复漏洞：提供的漏洞补丁均由微软官方获取。及时修复漏洞，保证系统安全。

（7）清理垃圾：全面清除计算机垃圾，最大限度提升系统性能。

（8）清理痕迹：清理使用计算机后所留下个人信息的痕迹，这样做可以极大地保护隐私。

（9）系统修复：一键解决浏览器主页、开始菜单、桌面图标、文件夹、系统设置等被恶意篡改的诸多问题，使系统迅速恢复到"健康状态"。

2．360 杀毒软件的使用。

具体操作步骤如下。

双击桌面上的"360 杀毒"图标，启动 360 杀毒，如图 21-2 所示。360 杀毒提供了 4 种手动病毒扫描方式：快速扫描、全盘扫描、指定位置扫描及右键扫描。

（1）快速扫描：扫描 Windows 系统目录及 Program Files 目录。

（2）全盘扫描：扫描所有磁盘。

（3）指定位置扫描：扫描指定的目录。

（4）右键扫描：集成到右键菜单中，当在文件或文件夹上点击鼠标右键时，可以选择"使用360 杀毒扫描"对选中文件或文件夹进行扫描。

其中前三种扫描都已经在 360 杀毒主界面中作为快捷任务列出，只需点击相关任务就可以开始扫描。启动扫描之后，会显示扫描进度窗口。在这个窗口中可看到正在扫描的文件、总体进度，以及发现问题的文件。

如果希望 360 杀毒在扫描完计算机后自动关闭计算机，可选中左下角的"扫描完成后自动处理并关闭计算机"复选框。请注意，只有在发现病毒的处理方式设置为"自动清除"时，此选项才有效。如果选择了其他病毒处理方式，扫描完成后不会自动关闭计算机。

图 21-2 "360 杀毒"界面

三、实训练习

使用 360 安全卫士和 360 杀毒软件对本机进行体检和杀毒。

操作提示：双击桌面上的"360 安全卫士"图标，启动 360 安全卫士程序，点击界面中的"体检"选项卡。

双击桌面上的"360 杀毒"图标，启动 360 杀毒程序，点击界面中的"全盘扫描"选项卡，设置扫描完成后自动处理并关闭计算机和发现病毒时自动清除。

第二部分
强化练习

一、单项选择题

1. 下列各种进制的数中最小的数是（　　　）。

A. 52Q　　　　　　B. 2BH　　　　　　C. 44D　　　　　　D. 101001B

2. 下列字符中，ASCII 码值最大的是（　　　）。

A. Y　　　　　　B. y　　　　　　C. A　　　　　　D. a

3. 计算机最小配置由（　　）、CPU、键盘、显示器组成。

A. 存储器　　　　　　B. 鼠标　　　　　　C. 主机　　　　　　D. 打印机

4. 在计算机领域中，所谓"裸机"是指（　　）。

A. 单片机　　　　　　　　　　　B. 单板机

C. 没有安装任何软件的计算机　　　　D. 只安装了操作系统的计算机

5. 计算机系统软件中的核心软件是（　　　）。

A. 语言处理系统　　　　　　　　B. 服务系统

C. 操作系统　　　　　　　　　　D. 数据库系统

6. 将高级语言的源程序变为目标程序要经过（　　　）。

A. 汇编　　　　　　B. 解释　　　　　　C. 编辑　　　　　　D. 编译

7. 在计算机内存中，每个基本单位都被赋予一个唯一的序号，这个序号称为（　　　）。

A. 地址　　　　　　B. 编号　　　　　　C. 容量　　　　　　D. 字节

8. 微型计算机内，配置高速缓冲存储器（cache）是为了解决（　　　）。

A. 内存与辅助存储器之间速度不匹配的问题

B. CPU 与内存储器之间速度不匹配的问题

C. CPU 与辅助存储器之间速度不匹配的问题

D. 主机与外设之间速度不匹配的问题

9. 微型计算机中，基本输入输出系统 BIOS 是（　　　）。

A. 硬件　　　　　　B. 软件　　　　　　C. 总线　　　　　　D. 外围设备

10. 微型计算机中，硬盘分区的目的是（　　　）。

A. 将一个物理硬盘分为几个逻辑硬盘

B. 将一个逻辑硬盘分为几个物理硬盘

C. 将 DOS 系统分为几个部分

D. 一个物理硬盘分成几个物理硬盘

二、多项选择题

1. 计算机未来的发展方向为（　　　）。

A. 多极化　　　　　　B. 网络化　　　　　C. 多媒体　　　　　　D. 智能化

2. 在计算机中采用二进制数主要是因为（　　　）。

A. 可行性　　　　　　　　　　　　　B. 运算规则简单

C. 逻辑性　　　　　　　　　　　　　D. 实现相同功能所使用的设备最少

3. 下列计算机软件中，属于系统软件的有（　　　）。

A. 操作系统　　　　　　　　　　　　B. 编译程序

C. 连接程序　　　　　　　　　　　　D. 会计程序

4. 外存与内存相比，其主要特点是（　　　）。

A. 能存储大量信息　　　　　　　　　B. 能长期保存信息

C. 存取速度快　　　　　　　　　　　D. 同单位其价格更便宜，且不怕震动

5. 微型计算机中的 CMOS 主要是进行参数设置，下面（　　　）是 CMOS 的功能。

A. 保存系统时间　　　　　　　　　　B. 保存用户文件

C. 保存用户程序　　　　　　　　　　D. 保存启动系统口令

Windows 7 操作系统

一、单项选择题

1. 下面关于操作系统的叙述中，错误的是（   ）。

A. 操作系统是用户与计算机之间的接口

B. 操作系统直接作用于硬件上，并为其他应用软件提供支持

C. 操作系统分为单用户、多用户等类型

D. 操作系统可直接编译高级语言源程序并执行

2. 下面关于 Windows 窗口的描述中，错误的是（   ）。

A. 窗口是 Windows 应用程序的用户界面

B. Windows 的桌面也是 Windows 窗口

C. 用户可以改变窗口的大小和在屏幕上移动窗口

D. 窗口主要由边框、标题栏、菜单栏、工作区、状态栏、滚动条等组成

3. Windows 7 操作系统中，将打开的窗口拖动到屏幕顶端，窗口会（   ）。

A. 关闭　　　　　　　　B. 消失　　　　　　　　C. 最大化　　　　　　　　D. 最小化

4. 下列关于 Windows 桌面图标的叙述，错误的是（   ）。

A. 所有图标都可以重命名

B. 图标可以重新排列

C. 图标可以复制

D. 所有的图标都可以移动

5. 在 Windows 中，将当前窗口作为图片复制到剪贴板时，应该使用（   ）键。

A. 【Alt+PrintScreen】　　　　　　　　　　B. 【Alt+Tab】

C. 【PrintScreen】　　　　　　　　　　　　D. 【Alt+Esc】

6. Windows 7 的"开始"菜单包括了 Windows 7 系统的（   ）。

A. 主要功能　　　　B. 全部功能　　　　C. 部分功能　　　　D. 初始化功能

7. 在 Windows 中，对同时打开的多个窗口进行并排显示时，参加排列的窗口为（   ）。

A. 所有已打开的窗口　　　　　　　　　　B. 用户指定的窗口

C. 当前窗口　　　　　　　　　　　　　　D. 除已最小化以外的所有打开的窗口

8. 在 Windows 中，利用"回收站"可恢复（　　）上被误删除的文件。

A. 软盘　　　　　　　B. 硬盘　　　　　　　C. 内存储器　　　　　　D. 光盘

9. 在 Windows 中，在下拉菜单里的各个命令中，有一类被选中执行时会弹出对话框，该命令的显示特点是（　　）。

A. 命令项的右面标有一个实心三角

B. 命令项的右面标有省略号（　　）

C. 命令项本身以浅灰色显示

D. 命令项位于一条横线以上

10. 在 Windows 中，在"计算机"窗口中用双击"本地磁盘（C:）"图标，将会（　　）。

A. 格式化该硬盘　　　　　　　　　B. 将该硬盘的内容复制

C. 删除该硬盘的所有文件　　　　　D. 显示该硬盘的内容

11. 在 Windows 中，鼠标器主要有 3 种操作方式，即单击、双击和（　　）。

A. 连续交替按下左右键　　　　　　B. 拖放

C. 连击　　　　　　　　　　　　　D. 与键盘击键配合使用

12. 在 Windows 中，可使用（　　）进行中/英文输入法的切换。

A.【Ctrl+Space】　　　　　　　　B.【Shift+Space】

C.【Ctrl+shift】　　　　　　　　　D. 右【Shift】键

13. 文件的类型可以根据（　　）来识别。

A. 文件的大小　　　B. 文件的用途　　　C. 文件的扩展名　　　D. 文件的存放位置

14. 在 Windows 中的"计算机"、窗口中，若已选定硬盘上的文件或文件夹，并按【Shift+Delete】组合键,再单击"确定"按钮，则该文件或文件夹将（　　）。

A. 被删除并放入"回收站"　　　　B. 不被删除也不放入"回收站"

C. 直接被删除而不放入"回收站"　D. 不被删除但放入"回收站"

15. 若以"Administrator"用户名登录到 Windows 7 系统后，该用户默认的权限是（　　）。

A. 受限用户

B. 一般用户

C. 可以访问计算机系统中的任何资源，但不能安装/卸载系统程序

D. 享有对计算机系统的最大管理权

16. 在 Windows 中，文件夹中只能包含（　　）。

A. 文件　　　　　B. 文件和子文件夹　　　　C. 子目录　　　　D. 子文件夹

17. 在 Windows 中，在窗口操作中进行了两次剪切操作，第一次剪切了 5 个字符，第二次剪切了 3 个字符，则剪贴板中的内容为（　　）。

A. 第一次剪切的后两个字符和第二次剪切的 3 个字符

B. 第一次剪切的 5 个字符

C. 第二次剪切的 3 个字符

D. 第一次剪切的前两个字符和第二次剪切的 3 个字符

18. 在 Windows 中，打开"资源管理器"窗口后，要改变文件或文件夹的显示方式，应选用（　　）。

A. "文件"菜单　　　　　　　　　B. "编辑"菜单

C. "查看"菜单　　　　　　　　　D. "帮助"菜单

19. 在 Windows 中，其自带的只能处理纯文本的文字编辑工具是（　　）。

A. 写字板　　　　　　B. 剪贴板　　　　　　C. Word　　　　　　D. 记事本

20. Windows 中"碎片整理"的主要作用是（　　）。

A. 修复损坏的磁盘　　　　　　　　　　B. 缩小磁盘空间

C. 提高文件访问速度　　　　　　　　　D. 清除暂时不用的文件

二、多项选择题

1. 微型计算机的各种功能中，（　　）是操作系统的功能。

A. 实行文件管理

B. 对内存和外部设备实行管理

C. 充分利用 CPU 的处理能力，采用多用户和多任务方式

D. 将各种计算机语言翻译成机器指令

2. 在启动 Windows 7 过程中，下列描述正确的是（　　）。

A. 若上次是非正常关机，则系统会自动进入硬盘检测进程

B. 可不必进行用户身份验证而完成登录

C. 在登录时可以使用用户身份验证制度

D. 系统在启动过程中将自动搜索即插即用设备

3. 在 Windows 中，终止应用程序执行的正确方法是（　　）。

A. 双击应用程序窗口左上角的控制菜单框

B. 将应用程序窗口最小化成图标

C. 单击应用程序窗口右上角的关闭按钮

D. 双击应用程序窗口中的标题

4. Windows 中常见的窗口类型有（　　）。

A. 文档窗口　　　　　　　　　　　　B. 应用程序窗口

C. 对话框窗口　　　　　　　　　　　D. 命令窗口

5. 在 Windows 7 中个性化设置包括（　　）。

A. 主题　　　　　B. 桌面背景　　　　　C. 窗口颜色　　　　　D. 屏幕保护程序

6. 在 Windows 7 操作系统中，属于默认库的有（　　）。

A. 文档　　　　　B. 音乐　　　　　C. 图片　　　　　D. 视频

7. 在 Windows 7 中，在打开的文件夹中显示其中的文件（夹）有（　　）方式。

A. 大图标　　　　　B. 小图标　　　　　C. 列表　　　　　D. 详细信息

8. 在 Windows 环境中，对磁盘文件进行有效管理的工具有（　　）。

A. 计算机　　　　　　　　　　　　　B. 回收站

C. 文件管理器　　　　　　　　　　　D. 资源管理器

9. 当选定文件夹后，下列操作中能删除该文件夹的是（　　）。

A. 按【Delete】键

B. 右击该文件夹，打开快捷菜单，然后选择"删除"命令

C. 在窗口的"组织"菜单中选择"删除"命令

D．双击该文件夹

10．下列属于 Windows 7 控制面板中设置项目的是（　　）。

A．个性化　　　　B．网络和共享中心　　　　C．用户账户　　　　D．程序和功能

三、操作题

1．当打开多个窗口时，如何激活某个窗口，使之变成活动窗口？

2．设置任务栏，要求如下。

（1）将任务栏移到屏幕的右边缘，再将任务栏移回原处。

（2）改变任务栏的宽度。

（3）取消任务栏上的时钟并设置任务栏为自动隐藏。

（4）在任务栏的右边区域显示"电源选项"图标。

3．按照要求完成下列操作。

（1）在桌面上新建一个文件夹，命名为 UserTest，再在其中新建两个子文件夹 User1、User2。

（2）更改子文件夹 User2 的名称为 UserTemp。

（3）利用记事本或写字板编辑一个文档，在文档中练习输入汉字，输入约有 500 个汉字，500 个英文字符的文章，以 WD1 命名保存在桌面的 UserTest 文件夹中。

（4）利用"画图"程序练习使用各种绘图工具，绘制一幅图，保存文档到桌面 UserTest 下的 User1 子文件夹中，命名为 WD2，将此图加以修改后另存到子文件夹 UserTemp 中，命名为 WD3。

（5）将桌面上的 UserTest 文件夹中的文件和子文件夹复制到 D 盘中。

（6）完成以上操作后，为桌面的 UserTest 子文件夹设置只读属性。

（7）删除子文件夹 User1 和 UserTemp 中的文件 WD2 和 WD3，再练习从回收站将 WD3 文件还原。删除桌面上的 UserTest 文件夹。

4．利用控制面板完成当前计算机的个性化设置，如桌面背景、声音及屏幕保护程序等。

5．调整系统的日期和时间。

6．练习输入法的选用、删除或添加。

7．练习使用计算器，如一般的计算、复杂的数理问题以及进行不同进制数的转换等，如 $\cos\pi+\log20+(5!)2$。

习题 3
Word 2010 文字处理软件

一、单项选择题

1. 启动 Word 2010 时，系统自动创建一个（　　）的新文档。
A. 以用户输入的前 8 个字符作为文件名　　　　B. 没有文件名
C. 名为"*.doc"　　　　　　　　　　　　　　　D. 名为"文档 1"

2. 在 Word 2010 的（　　）视图方式下，可以显示分页效果。
A. Web 版式　　　　　B. 大纲　　　　　C. 页面　　　　　D. 草稿

3. 在 Word 2010 主窗口的右上角，可以同时显示的按钮是（　　）。
A. 最小化、还原和最大化　　　　　　　　B. 还原、最大化和关闭
C. 最小化、还原和关闭　　　　　　　　　D. 还原和最大化

4. 在 Word 2010 的编辑状态下，从当前输入汉字状态转换到输入英文字符状态的组合键是
（　　）。
A. 【Ctrl+空格键】　　　　　　　　　　　B. 【Alt+Ctrl】
C. 【Shift+空格键】　　　　　　　　　　　D. 【Alt+空格键】

5. 在 Word 2010 的编辑状态，选择"开始"选项卡"剪贴板"工具组的"复制"命令后，（　　）。
A. 被选中的内容被复制到插入点　　　　B. 被选中的内容被复制到剪贴板处
C. 插入点所在的段落内容被复制到剪贴板　D. 光标所在的段落内容被复制到剪贴板

6. 下列操作中，（　　）能关闭打开的所有 Word 文档。
A. 选择"文件"菜单中的"关闭"命令
B. 选择"文件"选项卡中的"退出"命令
C. 按【Alt+F4】组合键
D. 双击 Word 窗口左上角的 Word 图标

7. Word 2010 的"段落"工具组中，不能设定文本的（　　）。
A. 缩进　　　　　B. 段落间距　　　　　C. 字型　　　　　D. 行间距

8. 若要进入页眉页脚编辑区，可以选择（　　）选项卡的"页眉和页脚"工具组相关命令。
A. "文件"　　　　B. "开始"　　　　C. "插入"　　　　D. "页面布局"

9. 关于 Word 2010 的分栏，下列说法正确的是（   ）。

A. 最多可以分 2 栏   B. 各栏的宽度必须相同

C. 各栏的宽度可以不同   D. 各栏之间的间距是固定的

10. 在 Word 2010 的（   ）选项卡中，可对所选文本应用外观效果（如阴影、发光或映像等）。

A. "开始"   B. "插入"   C. "页面布局"   D. "引用"

11. Word 2010 在"开始"选项卡的（   ）工具组中提供了查找与替换功能，可以用于快速查找信息或成批替换信息。

A. "字体"   B. "段落"   C. "样式"   D. "编辑"

12. 在 Word 2010 中，要将表格中的一个单元格变成两个单元格，在选定该单元格后，应执行功能区中"表格工具"的"布局"选项卡"合并"工具组的（   ）命令。

A. "删除单元格"   B. "合并单元格"   C. "拆分单元格"   D. "绘制表格"

13. 在 Word 2010 的编辑状态下，可以按【Delete】键删除光标后面的一个字符，按（   ）键删除光标前面的一个字符。

A.【Backspace】   B.【Insert】   C.【Alt】   D.【Ctrl】

14. 在 Word 2010 文本编辑状态中，利用键盘上的（   ）键可以在插入和改写两种状态间切换。

A.【Delete】   B.【Backspace】   C.【Insert】   D.【Home】

15. 在进行 Word 文档录入时，按（   ）键可产生段落标记。

A.【Shift+Enter】   B.【Ctrl+Enter】   C.【Alt + Enter】   D.【Enter】

16. 在 Word 2010 中插入的图片默认使用（   ）环绕方式。

A. 嵌入型   B. 四周型   C. 紧密型   D. 上下型

17. 在 Word 2010 中，如要使文档内容横向打印，在"页面设置"对话框中应选择（   ）选项卡。

A. 纸张大小   B. 纸张来源   C. 版面   D. 页边距

二、多项选择题

1. Word 2010 中，文本对齐方式有（   ）。

A. 左对齐   B. 居中   C. 右对齐   D. 两端对齐

2. 在 Word 2010 中，可以对（   ）加边框。

A. 表格   B. 段落   C. 图片   D. 选定文本

3. 在 Word 2010 中，通过"页面设置"对话框可以完成（   ）设置。

A. 页边距   B. 纸张大小

C. 打印页码范围   D. 纸张的打印方向

4. Word 2010 撤销操作中，下面说法正确的是（   ）。

A. 只能撤销一步   B. 可以撤销多步

C. 不能撤销页面设置   D. 撤销的命令可以恢复

5．在 Word 2010 中，下列关于查找与替换的操作，错误的是 （　　　　）。

A．查找与替换只能对文本进行操作   B．查找与替换不能对段落格式进行操作

C．查找与替换可以对指定格式进行操作   D．查找与替换不能对指定字体进行操作

三、填空题

1．Word 2010 文件默认扩展名是_____。

2．在输入文本时，按【Enter】键后将产生_____符。

3．在 Word 2010 中，编辑文本文件时用于保存文件的快捷键是_____。

4．在 Word 2010 中要查看文档的页数、字数、段落数等信息，可以选择"审阅"选项卡"校对"工具组的_____命令。

5．在 Word 2010 中，在用【Ctrl+C】组合键将所选内容复制到剪贴板后，可以使用_____组合键粘贴到所需要的位置。

6．使用"插入"选项卡"符号"工具组中的_____命令，可以插入特殊字符、国际字符和符号。

7．Word 2010 可以通过_____选项卡下的命令打开最近打开的文档。

8．选定文本后，拖动鼠标到需要处可实现文本块的移动；按住_____键拖动鼠标到需要处可实现文本块的复制。

四、操作题

打开 Word 2010，输入下面的内容。

生存周期之综合测试阶段

这个阶段的关键任务是通过各种类型的测试（及相应的调试）使软件达到预定的要求。最基本的测试是集成测试和验收测试。

所谓集成测试，是根据设计的软件结构，把经过单元测试检验的模块按某种选定的策略装配起来，在装配过程中对程序进行必要的测试。

所谓验收测试，则是按照规格说明书的规定（通常在需求分析阶段确定），由用户（或在用户积极参加下）对目标系统进行验收。必要时还可以再通过现场测试或平行运行等方法对目标系统进一步测试检验。

为了使用户能够积极参加验收测试，并且在系统投入生产性运行以后能够正确有效地使用这个系统，通常需要以正式的或非正式的方式对用户进行培训。通过对软件测试结果的分析可以预测软件的可靠性；反之，根据对软件可靠性的要求也可以决定测试和调试过程什么时候可以结束。应该用正式的文档资料把测试计划、详细测试方案以及实际测试结果保存下来，作为软件配置的一个组成成分。

输入结束后，将 Word 文档保存为 myword.docx，并执行下面的操作。

（1）将标题"生存周期之综合测试阶段"字间距加宽为 2 磅，字体缩放为 90%，加蓝色双下划线，添加茶色，背景 2，深色 25%底纹，隶书三号字，居中对齐。

（2）将正文第一段字符格式设置为楷体，四号，段落格式设置为首行缩进2个字符，两端对齐，行间距为1.5倍行距，段前距为1行，段后距为2行。

（3）将正文第二段分为2栏，栏宽相等，加分隔线。

（4）设置正文第三段段落边框为0.5磅红色细实线线型，要求正文距离边框上下左右各3磅。

（5）设置页眉内容为"综合测试阶段"，宋体，小五号，右对齐。

（6）设置文档的纸张为16开，左、右页边距为2cm。

（7）在文后插入如下表格。

星期 节次		星期一	星期二	星期三	星期四	星期五
上午	1、2节					
	3、4节					
中　午		12：30-14：00　午　休				
下午	5、6节					
	7、8节					
晚上	9、10节					
	11、12节					

习题 4
Excel 2010 电子表格处理软件

一、单项选择题

1. 在 Excel 2010 中，工作簿指的是（　　　）。
A．数据库　　　　　　　　B．由若干类型的表格共存的单一电子表格
C．图表　　　　　　　　　D．用来存储和处理数据的工作表的集合

2. 用 Excel 2010 创建一个学生成绩表，若按班级统计并比较各门课程的平均分，需要进行的操作是（　　　）。
　A．数据筛选　　　　B．排序　　　　　　C．合并计算　　　　D．分类汇总

3. 在 Excel 2010 中，删除单元格时，会弹出一个对话框，下列（　　　）不是其中的选项。
　A．上方单元格下移　　B．下方单元格上移　　C．右侧单元格左移　　D．整列

4. 在 Excel 2010 中，当前工作表的 B1:C5 单元格区域已经填入数值型数据，如果要计算这 10 个单元格的平均值并把结果保存在 D1 单元格中，则要在 D1 单元格中输入（　　　）。
　A．=COUNT(B1:C5)　　　　　　　B．=AVERAGE(B1:C5)
　C．=MAX(B1:C5)　　　　　　　　D．=SUM(B1:C5)

5. 在 Excel 2010 中，A1 单元格设定其数字格式为数值格式，小数位数为 0，当输入"33.51"时，屏幕显示（　　　）。
　A．33.51　　　　　B．33　　　　　　C．34　　　　　D．ERROR

6. Excel 2010 有多种图表类型，折线图最适合反映（　　　）。
　A．各数据之间量与量的大小差异
　B．各数据之间量的变化快慢
　C．单个数据在所有数据构成的总和中所占比例
　D．数据之间的对应关系

7. 在 Excel 2010 中，位于同一工作簿中的各工作表之间（　　　）。
　A．不能有关联　　　　　　　　B．不同工作表中的数据可以相互引用
　C．可以重名　　　　　　　　　D．不相互支持

8. 用 Excel 2010 可以创建各类图表。要描述特定时间内各个项之间的差别并对各项进行比较应选择（　　　）图表。

A．条形图　　　　　　B．折线图　　　　　　C．饼图　　　　　　D．面积图

9．在 Excel 2010 中，下列说法中错误的是（　　　）。

A．并不是所有函数都可以由公式代替　　　B．TRUE 在有些函数中的值为 1

C．输入公式时必须以"="开头　　　　　D．所有的函数都有参数

10．在 Excel 2010 工作表中，不能进行的操作是（　　　）。

A．恢复被删除的工作表　　　　　B．修改工作表名称

C．移动和复制工作表　　　　　　D．插入和删除工作表

11．Excel 2010 中如果一个单元格中的信息以"="开头，则说明该单元格中的信息是（　　　）。

A．常数　　　　　B．公式　　　　　C．提示信息　　　　　D．无效数据

12．下列关于 Excel 2010 工作表拆分的描述中，正确的是（　　　）。

A．只能进行水平拆分

B．只能进行垂直拆分

C．可以进行水平拆分和垂直拆分，但不能同时拆分

D．可以进行水平拆分和垂直拆分，还可以同时拆分

13．Excel 2010 中的数据库管理功能是（　　　）。

A．筛选数据　　　　　B．排序数据　　　　　C．汇总数据　　　　　D．以上都是

14．在 Excel 2010 单元格中输入"="DATE"&"TIME""产生的结果是（　　　）。

A．DATETIME　　　　　B．DATE&TIME

C．逻辑值"真"　　　　　D．逻辑值"假"

15．在 Excel 2010 中，数据清单中列标记被认为是数据库的（　　　）。

A．字数　　　　　B．字段名　　　　　C．数据类型　　　　　D．记录

16．当某单元格中的字符串长度超过单元格长度时，而其右侧单元格为空，则字符串的超出部分将（　　　）。

A．被截断删除　　　　　B．作为一个字符串存入 B1 中

C．显示#####　　　　　D．继续超格显示

17．Excel 2010 中单元格 A7 中的公式是"=SUM(A2:A6)"，将其复制到单元格 E7 后，公式变为（　　　）。

A．=SUM(A2:A6)　　　　　B．=SUM(E2:E6)

C．=SUM(A2:A7)　　　　　D．=SUM(E2:E7)

18．在 Excel 2010 中，选择"编辑"工作组的"清除"选项，可以（　　　）。

A．清除全部　　　　　B．清除格式　　　　　C．清除内容　　　　　D．以上都包括

19．Excel 2010 中"自动套用格式"的功能是（　　　）。

A．输入固定格式的数据　　　　　B．选择固定区域的数据

C．对工作表按固定格式进行修饰　　　D．对工作表按固定格式进行计算

20．在记录学生各科成绩的 Excel 2010 数据清单中，要找出某门课程不及格的所有同学，应使用（　　　）命令。

A．查找　　　　　B．排序　　　　　C．筛选　　　　　D．定位

二、多项选择题

1. 在 Excel 2010 工作表中，函数输入的方法有（　　　）。

A. 直接在单元格中输入函数

B. 直接单击数据编辑栏中的"函数"按钮

C. 利用"开始"选项卡"编辑"工作组的"∑"旁边的按钮输入函数

D. 选择"公式"选项卡中的"插入函数"按钮

2. 在 Excel 2010 中选取单元格的方式有（　　　）。

A. 在数据编辑栏的单元格名称框中直接输入单元格名称

B. 鼠标单击

C. 键盘移动键

D. 利用"开始"选项卡"编辑"工作组的"查找和选择"中的"转到"

3. 在 Excel 2010 中，下列有关图表操作的叙述中，正确的是（　　　）。

A. 可以改变图表类型

B. 不能改变图表的大小

C. 当删除图表中某一数据系列时，对工作表数据没有影响

D. 不能移动图表

4. Excel 2010 中可以选择一定的数据区域建立图表。当该数据区域的数据发生变化时，下列叙述错误的是（　　　）。

A. 图表需重新生成才能随着改变

B. 图表将自动相应改变

C. 需要通过命令刷新图表

D. 系统将给出错误提示

5. 在 Excel 2010 中，可以在活动单元格中（　　　）。

A. 输入文字　　　　　　B. 输入公式　　　　　C. 设置边框　　　　　　D. 加入超级链接

6. Excel 2010 的"清除"命令不能（　　　）。

A. 删除单元格　　　　　B. 删除行　　　　　C. 删除单元格的格式　　　D. 删除列

7. 下列关于 Excel 2010 工作表的描述中，不正确的是（　　　）。

A. 一个工作表可以有无穷个行和列

B. 工作表不能更名

C. 一个工作表作为一个独立文件存储

D. 工作表是工作簿的一部分

8. 在 Excel 2010 工作表中要改变行高，可以（　　　）。

A. 选择"开始"选项卡"单元格"工作组"格式"按钮中的"行高"选项

B. 选择"开始"选项卡"单元格"工作组"插入"按钮中的"插入工作表行"选项

C. 通过拖动鼠标调整行高

D. 选择"页面设置"命令

9. 在下列关于 Excel 2010 功能的叙述中，不正确的是（　　　）。

A. 不能处理图形

B. 不能处理公式

C. Excel 的数据库管理可支持数据记录的增、删、改等操作

D. 在一个工作表中包含多个工作簿

10. 在 Excel 2010 中，下列公式正确的是（　　　）。

A. =C1×D1　　　　　B. =C1/D1　　　　　C. =C1"OR"D1　　　　　D. =C1*D1

三、填空题

1. 用 Excel 2010 编辑的一般电子表格文件，扩展名是_____。当 Excel 2010 启动后，在 Excel 的窗口内显示的当前工作表为_____。

2. 在 Excel 2010 中，要同时选择多个不相邻的工作表，应利用_____键。

3. 一张 Excel 工作表，最多可以包含_____行和_____列。

4. 在 Excel 2010 中，若要在单元格中显示出电话号码 05613801234，则输入内容为_____。

5. 在一个单元格中输入文本时，通常是_____对齐；输入数字时，是_____对齐。

6. 单元格中可以输入的数据类型有_____、_____、_____3 种。

7. 输入当天日期的快捷键是_____，输入当天时间的快捷键是_____。

8. 在 Excel 中，单元格地址的引用有_____、_____、_____3 种。

9. 在进行分类汇总前，必须先执行_____操作。

10. Excel 2010 中常用的图表类型有_____、_____、_____等。

四、操作题

1. 对本班同学的上学期各科成绩进行处理，根据每位同学的总分排序，找出排名前五名的同学。

2. 根据"常用水果营养成分表"（见图 4-88），求出每种水果各种营养成分的平均含量，并根据各水果脂肪含量，制作"脂肪含量"分离型三维饼形图。

	A	B	C	D	E	F	G
1	常用水果营养成分表						
2		番茄	蜜桔	苹果	香蕉	平均含量	
3	水分	95.91	88.36	84.64	87.11		
4	脂肪	0.31	0.31	0.57	0.64		
5	蛋白质	0.8	0.74	0.49	1.25		
6	碳水化合物	2.25	10.01	13.08	19.55		
7	热量	15	44	58	88		
8							

图 4-88　效果图

3. 针对图 4-89 所示产品销售表中的数据进行如下操作。

	A	B	C	D	E	F
1	产品	单价	数量	合计		
2	矿泉水	3.5	320			
3	纯净水	1.8	549			
4	牙刷	1.6	828			
5	火腿肠	5	200			
6	牙膏	2.5	716			
7						
8			数量超过400的合计之和			
9						

图 4-89 产品销售表

（1）将工作表 Sheet1 命名为"产品销售表"。

（2）在该表中用公式计算合计（合计=单价*数量）。

（3）设置 C8 单元格的文本控制方式为"自动换行"。

（4）在 D8 单元格内用条件求和函数 Sumif 计算所有数量超过 400（包含 400）的合计之和。

（5）设置表中文本格式为水平居中对齐和垂直居中对齐。

（6）设置 A1:D6 单元格区域按合计降序排列。

（7）根据"产品"和"合计"两列制作三维簇状柱形图，添加图表标题"销售图"。

习题 5
PowerPoint 2010 演示文稿制作软件

一、单项选择题

1. PowerPoint 2010 是（　　）。
A. 数据库管理软件　　　　　　B. 文字处理软件
C. 电子表格软件　　　　　　　D. 演示文稿制作软件

2. PowerPoint 2010 演示文稿的扩展名是（　　）。
A. ppt　　　　　　　　　　　　B. pps
C. pptx　　　　　　　　　　　D. ppsx

3. 演示文稿的基本组成单元是（　　）。
A. 图形　　　　　　　　　　　B. 幻灯片
C. 超链接　　　　　　　　　　D. 文本

4. PowerPoint 中主要的编辑视图是（　　）。
A. 幻灯片浏览视图　　　　　　B. 普通视图
C. 阅读视图　　　　　　　　　D. 备注页视图

5. 在普通视图左侧的大纲选项卡中，可以修改的是（　　）。
A. 占位符中的文字　　　　　　B. 图表
C. 自选图形　　　　　　　　　D. 文本框中的文字

6. 从当前幻灯片放映的快捷键是（　　）。
A. F6　　　　　　　　　　　　B. Shift+F6
C. F5　　　　　　　　　　　　D. Shift+F5

7. 停止幻灯片播放的快捷键是（　　）。
A. End　　　　　　　　　　　B. Ctrl+E
C. Esc　　　　　　　　　　　D. Ctrl+C

8. 关闭 PowerPoint 窗口的组合键是（　　）。
A. Alt+F4　　　　　　　　　　B. Ctrl+X
C. Esc　　　　　　　　　　　D. Shift+F

9. 制作完成的幻灯片，如果希望打开时自动播放，应另存为的文件格式为（　　）。

A. PPTX
B. PPSX
C. DOCX
D. XLSX

10. 在 PowerPoint 中需要帮助时，可以按功能键（　　）。

A. F1
B. F2
C. F11
D. F12

二、填空题

1. 在普通视图"幻灯片"选项卡中，删除幻灯片的操作是_____。

2. 若一个演示文稿中有 3 张幻灯片，播放时要跳过第二张放映，可以执行的操作是_____。

3. 对于幻灯片中文本框内的文字，设置项目符号可以采用的工具是_____。

4. 格式刷位于_____选项卡中。

5. 要选定多个幻灯片元素时，要按住_____键。

6. 要为幻灯片添加编号，使用_____选项卡的_____工具。

7. 在幻灯片浏览视图下，选定某个幻灯片并拖动，所完成的操作是_____。

8. 要想插入组织结构图，需使用_____元素。

9. 要使幻灯片中的元素按用户要求的顺序出现，应进行的设置是_____。

10. 将演示文稿放在另外一台没有安装 PowerPoint 软件的计算机上放映，需进行的是_____处理。

习题 6
计算机网络基础及应用

一、单项选择题

1. 当个人计算机以拨号方式接入 Internet 时，必须使用的设备是（　　）。

A．网卡　　　　　B．调制解调器（Modem）　　　C．电话机　　　　　D．浏览器软件

2. OSI（开放系统互连）参考模型的最低层是（　　）。

A．传输层　　　　B．网络层　　　　C．物理层　　　　D．应用层

3. （　　）是指连入网络的不同档次、不同型号的微机，它是网络中实际为用户操作的工作平台，它通过插在微机上的网卡和连接电缆与网络服务器相连。

A．网络工作站　　　B．网络服务器　　　C．传输介质　　　D．网络操作系统

4. 计算机网络的目标是实现（　　）。

A．数据处理　　　B．文献检索　　　C．资源共享和信息传输　　　D．信息传输

5. （　　）是网络的心脏，它提供了网络最基本的核心功能，如网络文件系统、存储器的管理和调度等。

A．服务器　　　B．工作站　　　C．服务器操作系统　　　D．通信协议

6. 目前网络传输介质中传输速率最高的是（　　）。

A．双绞线　　　B．同轴电缆　　　C．光缆　　　　　　　D．电话线

7. 与 Web 网站和 Web 页面密切相关的一个概念是"统一资源定位器"，它的英文缩写是（　　）。

A．UPS　　　B．USB　　　C．ULR　　　D．URL

8. 域名是 Internet 服务提供商（ISP）的计算机名，域名中的后缀.gov 表示机构所属类型为（　　）。

A．军事机构　　　B．政府机构　　　C．教育机构　　　D．商业公司

9. 下列属于微机网络所特有的设备是（　　）。

A．显示器　　　B．UPS 电源　　　C．服务器　　　D．鼠标器

10. 根据域名规定，域名 Katong.com.cn 表示的网站类别是（　　）。

A．教育机构　　　B．军事部门　　　C．商业组织　　　D．国际组织

11. 浏览 Web 网站必须使用浏览器，目前常用的浏览器是（　　）。

A．Hotmail　　　B．Outlook　　　C．Inter Exchange　　　D．Internet Explorer

12. 在计算机网络中，通常把提供并管理共享资源的计算机称为（ 　 ）。

A. 服务器　　　　B. 工作站　　　　　　C. 网关　　　　　　　　D. 网桥

13. 通常一台计算机要接入互联网，应该安装的设备是（ 　 ）。

A. 网络操作系统　　　B. 调制解调器或网卡　　C. 网络查询工具　　D. 浏览器

14. Internet 实现了分布在世界各地的各类网络的互连，其最基础和核心的协议是（ 　 ）。

A. TCP/IP　　　　B. FTP　　　　　　C. HTML　　　　　　　D. HTTP

15. 下列关于接入 Internet 并且支持 FTP 协议的两台计算机之间的文件传输的说法，正确的是（ 　 ）。

A. 只能传输文本文件　　　　　　B. 不能传输图形文件

C. 所有文件均能传输　　　　　　D. 只能传输几种类型的文件

16. 下列不属于 Internet（因特网）基本功能的是（ 　 ）。

A. 电子邮件　　　　B. 文件传输　　　　　C. 远程登录　　　D. 实时监测控制

17. 某台计算机的 IP 地址为 210.45.137.112，该地址属于（ 　 ）。

A. A 类地址　　　　B. B 类地址　　　　　C. C 类地址　　　　D. D 类地址

18. 按（ 　 ）将网络划分为广域网（WAN）、城域网（MAN）和局域网（LAN）。

A. 接入的计算机多少　　　　　B. 接入的计算机类型

C. 拓扑结构　　　　　　　　　D. 地理范围

19. 发送和接收电子邮件的应用层协议是（ 　 ）。

A. SMTP 和 POP3　　　　　　B. SMTP 和 IMAP

C. POP3 和 IMAP　　　　　　D. SMTP 和 MIME

20. 以下关于 URL 的说法，正确的是（ 　 ）。

A. URL 就是网站的域名　　　　　B. URL 是网站的计算机名

C. URL 中不能包括文件名　　　　D. URL 表明用什么协议，访问什么对象

二、填空题

1. ＿＿＿＿＿＿过程将数字化的电子信号转换成模拟化的电子信号，再送上通信线路。

2. 在网络互连设备中，连接两个同类型的网络需要用＿＿＿＿＿＿。

3. 目前，广泛流行的以太网所采用的拓扑结构是＿＿＿＿＿＿＿。

4. 提供网络通信和网络资源共享功能的操作系统称为＿＿＿＿＿＿＿＿。

5. Internet（因特网）上最基本的通信协议是＿＿＿＿＿＿＿＿。

6. 局域网是一种在小区域内使用的网络，其英文缩写为＿＿＿＿＿＿＿。

7. 计算机网络最本质的功能是实现＿＿＿＿＿＿＿＿。

8. 在计算机网络中，通信双方必须共同遵守的规则或约定，称为＿＿＿＿＿＿＿。

9. 计算机网络是由负责信息处理并向全网提供可用资源的＿＿＿＿子网和负责信息传输的＿＿＿＿＿子网组成。

10. C 类 IP 地址的网络号占＿＿＿＿＿＿位。

三、问答题

1. 什么是计算机网络？由哪两部分组成？
2. 计算机网络体系结构 OSI 参考模型分为哪几层？各层的功能分别是什么？
3. 网络拓扑结构有哪几种？各有什么特点？
4. 网络传输介质有哪几种？
5. 网络互连设备有哪些？各完成什么功能？
6. Internet 的连接方式有哪些？
7. E-mail 所使用的协议有哪些？
8. 如何进行文件的上传与下载？

习题 7 信息安全

一、单项选择题

1．第一个有关信息技术安全评价的标准是（　　）。
A．可信计算机系统评价准则
B．信息技术安全评价准则
C．加拿大可信计算机产品评价准则
D．信息技术安全评价联邦准则

2．计算机系统安全评价标准中的国际通用准则（cc）将评估等级分为（　　）个等级。
A．5　　　　B．6　　　　C．7　　　　D．9

3．下列属于对称加密方法的是（　　）。
A．AES　　　B．RSA 算法　　　C．DSA　　　D．Hash 算法

4．计算机病毒可以使整个计算机瘫痪，危害极大，计算机病毒是（　　）。
A．人为开发的程序
B．一种生物病毒
C．软件失误产生的程序
D．灰尘

5．病毒程序进入计算机（　　）并得到驻留是它进行传染的第一步。
A．外存　　　B．内存　　　C．硬盘　　　D．软盘

6．计算机病毒具有（　　）。
A．传染性、潜伏性、破坏性、隐蔽性
B．传染性、破坏性、易读性、潜伏性
C．潜伏性、破坏性、易读性、隐蔽性
D．传染性、潜伏性、安全性、破坏性

7．计算机病毒通常分为引导型、文件型和（　　）及宏病毒。
A．外壳型　　　B．混合型　　　C．内码型　　　D．操作系统型

8．引导型病毒程序存放在（　　）。
A．最后一扇区中
B．第 2 物理扇区中
C．数据扇区中
D．引导扇区中

9．目前发现的首例破坏计算机硬件的 CIH 病毒是（　　）。
A．攻击 UNIX 系统的病毒
B．攻击 Windows 95/99 系统的病毒
C．攻击 OS/2 系统的病毒
D．攻击 DOS 系统的病毒

10. （　　）年，可令个人计算机的操作受到影响的计算机病毒首次被人发现。

A．1949　　　　　　B．1959　　　　　　C．1996　　　　　　D．1993

11．发现计算机病毒后，比较彻底的清除方式是（　　）。

A．用查毒软件处理　　　　　　　　B．删除磁盘文件

C．用杀毒软件处理　　　　　　　　D．格式化磁盘

12．（　　）是在企业内部网与外部网之间检查网络服务请求分组是否合法，网络中传送的数据是否会对网络安全构成威胁的设备。

A．交换机　　　　　　B．路由器　　　　　　C．防火墙　　　　　　D．网桥

13．下列关于防火墙的说法中，错误的是（　　）。

A．能有效地记录 Internet 上的活动

B．防火墙是一个安全策略的检查站

C．能防范全部的威胁

D．能强化安全策略

二、填空题

1．信息安全隐患的种类有_____、_____、_____、_____、_____和_____。

2．国际通用准则（cc）将评估过程划分为_____和_____两部分，评估等级分为 eal1、eal2、eal3、eal4、eal5、eal6 和 eal7 共七个等级。

3．信息安全技术包括_____、_____、认证技术和_____。

4．根据密钥类型不同，可以将现代密码技术分为_____和_____两类。

5．目前的防火墙产品主要有_____、_____、_____以及电路层网关、屏蔽主机防火墙、双宿主机等类型。

6．一般的计算机病毒通常有以下特征：_____、_____、_____、可触发性、针对性、破坏性和隐蔽性。

三、问答题

1．信息安全是怎样产生的？它的目标是什么？

2．什么是计算机犯罪？

3．简述黑客攻击的主要方法。

4．简述计算机病毒的定义、特性和分类。

5．如何检测和清除计算机病毒？

6．简述防火墙的定义、功能和特性。

7．网络防火墙与病毒防火墙有什么区别？

8．简述防火墙的类型。

习 题 1

一、单项选择题

1. D 2. B 3. A 4. C 5. C 6. D 7. A 8. B 9. B 10. A

二、多项选择题

1. ABCD 2. ABCD 3. ABC 4. AB 5. AD

习 题 2

一、单项选择题

1. D 2. B 3. C 4. C 5. A 6. B 7. D 8. B 9. B 10. D
11. B 12. A 13. C 14. C 15. C 16. B 17. C 18. C 19. D 20. C

二、多项选择题

1. ABC 2. ABCD 3. AC 4. ABC 5. ABCD
6. ABCD 7. ABCD 8. AD 9. ABC 10. ABCD

三、操作题

1. 操作提示：在 Windows 系统中，同一时刻只能有一个窗口为活动窗口。当多个窗口被打开时，只需单击其中一个窗口，该窗口即变成活动窗口。

2. 操作提示：

（1）在任务栏空白处右击，在弹出的快捷菜单中将"锁定任务栏"取消；用鼠标拖曳任务栏空白处到屏幕右侧，释放鼠标左键即可使任务栏移动到屏幕右边缘；再用鼠标将任务栏拖曳到原处。

（2）将鼠标指针指向任务栏边缘，光标变为双向箭头；拖动鼠标即可改变任务栏的宽度。

（3）① 右键单击任务栏空白处，在弹出的快捷菜单中选择"属性"命令；打开"任务栏和【开始】菜单属性"对话框，选择"任务栏"选项卡，在通知区域单击"自定义"按钮，在弹出的窗口下方单击"打开或关闭系统图标"，在下拉菜单的选项中将时钟的行为设置成"关闭"即可。

② 右键单击任务栏空白处，在弹出的快捷菜单中选择"属性"命令；打开"任务栏和【开

始】菜单属性"对话框，选择"任务栏"选项卡，选中"自动隐藏任务栏"复选框，单击"确定"按钮即可。

（4）右键单击任务栏空白处，在弹出的快捷菜单中选择"属性"命令；打开"任务栏和【开始】菜单属性"对话框，选择"任务栏"选项卡，在通知区域单击"自定义"按钮，在弹出的窗口下方单击"打开或关闭系统图标"，在下拉菜单的选项中将电源的行为设置成"打开"即可。

3．操作提示：

（1）在桌面上右击，在弹出的快捷菜单中选择"新建"→"文件夹"命令，把新建的文件夹命名为 UserTest；进入 UserTest 文件夹中，新建两个子文件夹 User1 和 User2。

（2）右击 User 2 文件夹，在弹出的快捷菜单中选择"重命名"命令，将文件夹改名为 UserTemp。

（3）进入 UserTest 文件夹中，利用"开始"→"所有程序"→"附件"→"记事本"命令，编辑一个文本文件，在文件中输入内容，关闭文件并保存为 WD1。

（4）进入 UserTest 文件夹的 User 1 子文件夹中，通过"开始"→"所有程序"→"附件"→"画图"命令，打开"画图"程序，制作一幅图并保存为 WD2。进行修改后，利用"文件"→"另存为"命令将文件保存到 UserTemp 中，名称为 WD3。

（5）右击 UserTest 文件夹，在弹出的快捷菜单中选择"复制"命令，在 D 盘根目录下的空白处右击，在弹出的快捷菜单中选择"粘贴"命令。

（6）右击桌面上的 UserTest 文件夹，在弹出的快捷菜单中选择"属性"命令，在弹出的对话框中选中"只读"复选框。

（7）在 UserTest 文件夹中选中 User 2 和 UserTemp 文件夹，按【Delete】键，即可将这两个文件夹和文件夹中的文件删除；在桌面上双击"回收站"图标，进入"回收站"窗口中找到 WD3 文件，选中后右击，在弹出的快捷菜单中选择"还原"命令；在桌面上选中 UserTest 文件夹并右击，在弹出的快捷菜单选择"删除"命令即可。

4．操作提示：利用"开始"→"控制面板"命令，打开"控制面板"窗口，双击其中的"显示"图标，弹出"显示属性"对话框，可以在此对计算机的背景、外观或主题等进行设置。

5．操作提示：单击任务栏右端的系统时间，弹出"日期和时间属性"对话框，在此可以调整系统的日期和时间。

6．操作提示：单击任务栏右侧的输入法指示器，打开输入法列表，从中可以选择所使用的输入法；右击任务栏右侧的输入法指示器，在弹出的快捷菜单中选择"设置"命令，弹出"文字服务和输入语言"对话框；在"已安装服务"列表中选中已经安装的输入法，再单击"删除"按钮即可完成删除；单击"添加"按钮可根据提示添加新的输入法。

7．操作提示：利用"开始"→"所有程序"→"附件"→"计算器"命令，弹出"计算器"对话框；此时计算器为"标准型"，一般的计算问题都可以解决；选择"查看"→"科学型"命令，将标准型的计算器改为科学型，以处理较为复杂的数理问题。

习　题　3

一、单项选择题

1．D　2．C　3．C　4．A　5．B　6．B　7．C　8．C　9．C
10．A　11．D　12．C　13．A　14．C　15．D　16．A　17．D

二、多项选择题

1. ABCD   2. ABCD   3. ABD   4. BD   5. ABD

三、填空题

1. docx   2. 段落标记（换行）   3. Ctrl+S   4. 字数统计

5. Ctrl+V   6. 符号   7. "文件"   8. Ctrl

四、操作题

1. 输入文字操作（略）。

2. 文档排版操作提示。

（1）该操作部分在"字体"对话框和"边框和底纹"对话框中完成。选中标题文字，单击"开始"选项卡"字体"工具组右下角的对话框启动器，弹出"字体"对话框，然后操作即可完成；对字符底纹的设置，可选择"开始"选项卡"段落"工具组的"下框线"按钮右侧的下拉按钮，在弹出的下拉列表框中选择"边框和底纹"选项，在"底纹"选项卡中设置即可完成底纹设置。

（2）该操作部分在"段落"对话框中完成。将光标置于要设置的段落或者选择需要设置的段落，单击"开始"选项卡"段落"工具组右下角的对话框启动器，弹出"段落"对话框，然后按需求操作即可完成。

（3）选中第二段，单击"页面布局"选项卡"页面设置"工具组的"分栏"命令，在出现的下拉列表框中选择"更多分栏"项，按照需要设置即可。

（4）选中第三段，选择"开始"选项卡"段落"工具组的"下框线"按钮右侧的下拉按钮，在弹出的下拉列表框中选择"边框和底纹"选项，按照需要设置即可。在"边框"选项卡右下角设置应用于"段落"。

（5）选择"插入"选项卡"页眉和页脚"工具组的"页眉"按钮，在弹出的下拉列表框中选择内置的"空白"页眉样式，之后输入页眉内容，设置字体即可完成。

（6）该操作通过"页面布局"选项卡"页面设置"工具组的"纸张大小"命令完成。

（7）选择"插入"选项卡"表格"工具组中的"插入表格"命令，输入9行7列，利用"合并单元格"命令可得到如题表格，输入内容便完成操作。

习 题 4

一、单项选择题

1. D 2. D 3. A 4. B 5. C 6. B 7. B 8. A 9. D 10. A 11. B 12. D

13. D 14. A 15. B 16. D 17. B 18. D 19. C 20. C

二、多项选择题

1. ABCD   2. ABCD   3. AC   4. ACD   5. ABCD

6. ABD   7. ABC   8. AC   9. ABD   10. BD

三、填空题

1. .xlsx Sheet1   2.【Ctrl】   3. 1048576, 16384   4. '05613801234

5. 左 右   6. 常量 函数 公式   7.【Ctrl+;】【Ctrl+Shift+;】

8. 相对 绝对 混合   9. 排序   10. 柱形图、折线图、饼图等

四、操作题

1．操作提示：

（1）输入本班同学的上学期各科成绩。

（2）利用 Sum() 函数求出每位同学的总分。

（3）利用"排序"命令，将主要关键字设置为总分，排序方式为降序。

（4）在表格最前面的同学就是排名靠前的同学，设置"单元格格式"，使前五名同学的记录突出显示。

2．操作提示：

（1）输入图 4-88 中的数据。

（2）利用 Average() 函数求四种水果的水分平均含量，然后利用填充柄进行复制，从而求出脂肪、蛋白质、碳水化合物与热量的平均含量。

（3）利用【Ctrl】键，选择 A2:F2 和 A4:F4 单元格区域，插入图表。

3．操作提示：

（1）双击 Sheet1 工作表标签，将其更名为"产品销售表"。

（2）单击 D2 单元格，在其中输入"="，单击 B2，再输入"*"，单击 C2，按【Enter】键或单击数据编辑栏中的"√"确定输入内容。D2 单元格中的内容在数据编辑栏显示为公式"= B2*C2"，即表示：合计=单价*数量。利用填充柄复制公式，从而求出纯净水、牙刷、火腿肠与牙膏的合计值。

（3）单击 C8 单元格，点击"开始"选项卡"对齐方式"工作组右下角的"设置单元格格式"，在弹出对话框的"对齐"选项卡中，设置文本控制方式为"自动换行"。

（4）单击 D8 单元格，插入函数 Sumif()。Sumif 条件求和函数有 3 个参数，Range 表示要进行计算的单元格区域；Criteria 表示以数字、表达式或文本形式定义的条件；Sum_range 表示用于求和计算的实际单元格，如果省略，将使用区域中的单元格。根据题目要求，在 3 个参数中分别输入 C2:C6,>=400,D2:D6。

最后单击"确定"按钮。

（5）选择 A1:D8 单元格区域，利用"单元格格式"对话框中的"对齐"选项卡，设置文本对齐方式为水平居中对齐和垂直居中对齐。

（6）选择 A1:D6 单元格区域，利用"排序"命令，将主要关键字设置为合计，排序方式为降序。

（7）选择 A1:A6 单元格区域，利用【Ctrl】键，再选择 D1:D6 单元格区域，创建图表，选择图表工具的"设计"选项卡"图表布局"工作组中的某一带标题的布局，修改标题即可。

习 题 5

一、单项选择题

1．D 2．C 3．B 4．B 5．A 6．D 7．C 8．A 9．B 10．A

二、填空题

1．选定要删除的幻灯片，然后按 Delete 键

2．隐藏第二张幻灯片

3．"开始"选项卡中的"项目符号"工具

4．"开始"

5．Shift

6．"插入""页眉和页脚"

7．移动幻灯片

8．SmartArt 图形

9．动画设置

10．打包

习 题 6

一、单项选择题

1．B　2．C　3．A　4．C　5．C　6．C　7．D　8．B　9．C　10．C　11．D　12．A　13．B　14．A　15．C　16．D　17．C　18．D　19．A　20．A

二、填空题

1．调制　　　2．网桥　　　3．星型　　　4．网络操作系统　　　5．TCP/IP

6．LAN　　　7．数据传输　　　8．协议　　　9．资源子网　通信子网　　　10．24

三、问答题

1．

计算机网络是将分布在不同地理位置的具有自治功能的计算机系统通过通信线路和通信设备连接起来，实现数据通信和资源共享。

按照逻辑功能，计算机网络可分为资源子网和通信子网。资源子网负责全网的数据处理业务，向网络用户提供各种网络资源与网络服务；通信子网完成网络数据传输、转发等通信处理任务。

2．

（1）物理层

物理层主要讨论在通信线路上比特流的传输问题。这一层协议描述传输媒质的电气、机械、功能和过程的特性。

（2）数据链路层

数据路层主要讨论在数据链路上帧流的传输问题。这一层协议的目的是保障在相邻的站与节点或节点与节点之间正确、有次序、有节奏地传输数据帧。

（3）网络层

网络层主要处理分组在网络中的传输。这一层协议的功能是：路由选择，数据交换，网络连接的建立和终止，一个给定的数据链路上网络连接的复用，根据从数据链路层来的错误报告进行错误检测和恢复，分组的排序，信息流的控制等。

（4）传输层

运输层是第一个端到端的层次，也就是计算机—计算机的层次，这一层的功能是：把运输层的地址变换为网络层的地址、运输连接的建立和终止、在网络连接上对运输连接进行多路复用、端—端的次序控制、信息流控制、错误的检测和恢复等。

（5）会话层

会话层是指用户与用户的连接，它通过在两台计算机间建立、管理和终止通信来完成对话。会话层的主要功能是：在建立会话时核实双方身份是否有权参加会话；确定何方支付通信费用；双方在各种选择功能方面（如全双工还是半双工通信）取得一致；在会话建立以后，需要对进程间的对话进行管理与控制。

（6）表示层

表示层主要处理应用实体间交换数据的语法，其目的是解决格式和数据表示的差别，从而为应用层提供一个一致的数据格式，如文本压缩、数据加密、字符编码的转换，从而使字符、格式等有差异的设备之间相互通信。

（7）应用层

应用层与提供网络服务相关，这些服务包括文件传送、打印服务、数据库服务、电子邮件等。应用层提供了一个应用网络通信的接口。

3．典型的拓扑结构有 6 种。

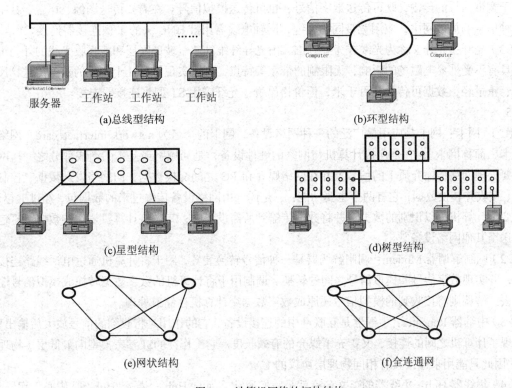

图 6-1　计算机网络的拓扑结构

（1）总线结构通常采用广播式信道，即网上的一个节点（主机）发信时，其它节点均能接收总线上的信息。

（2）环型结构采用点到点通信，即一个网络节点将信号沿一定方向传送到下一个网络节点，在环内依次高速传输。

（3）星型结构中有一个中心节点（集线器 HUB），执行数据交换网络控制功能。这种结构易于实现故障隔离和定位，但它存在瓶颈问题，一旦中心节点出现故障，将导致网络失效。

（4）树型结构的连接方法像树一样从顶部开始向下逐步分层分叉，有时也称其为层型结构，这种结构中执行网络控制功能的节点常处于树的顶点，在树枝上很容易增加节点，扩大网络，但同样存在瓶颈问题。

（5）网状结构的特点是节点的用户数据可以选择多条路由通过网络，网络的可靠性高，但网络结构、协议复杂。

4.

（1）双绞线：双绞线简称 TP，由两根绝缘导线相互缠绕而成，将一对或多对双绞线放置在一个保护套便成了双绞线电缆。双绞线既可用于传输模拟信号，又可用于传输数字信号。双绞线可分为非屏蔽双绞线 UTP 和屏蔽双绞线 STP，适合于短距离通信。非屏蔽双绞线价格便宜，传输速度偏低，抗干扰能力较差。屏蔽双绞线抗干扰能力较好，具有更高的传输速度，但价格相对较贵，双绞线需用 RJ-45 或 RJ-11 连接头插接。

（2）同轴电缆：同轴电缆由绕在同一轴线上的两个导体组成，具有抗干扰能力强，连接简单等特点，信息传输速度可达每秒几百兆位，是中、高档局域网的首选传输介质。

同轴电缆分为 50Ω 和 75Ω 两种。50Ω 同轴电缆适用于基带数字信号的传输；75Ω 同轴电缆适用于宽带信号的传输，既可传送数字信号，也可传送模拟信号。在需要传送图像、声音、数字等多种信息的局域网中，应用宽带同轴电缆，同轴电缆需用带 BNC 头的 T 型连接器连接。

（3）光纤：光纤又称为光缆或光导纤维，由光导纤维纤芯、玻璃网层和能吸收光线的外壳组成，具有不受外界电磁场的影响，无限制的带宽等特点，可以实现每秒几十兆位的数据传送，尺寸小、重量轻，数据可传送几百千米，但价格昂贵，光纤需用 ST 型头连接器连接。

5.

（1）网卡：网卡是应用最广泛的一种网络设备，网卡的全名为 network interface card（网络接口卡，简称网卡），它是连接计算机与网络的硬件设备，是局域网最基本的组成部分之一。网卡主要处理网络传输介质上的信号，并在网络媒介和 PC 之间交换数据，向网络发送数据、控制数据、接收并转换数据，它有两个主要功能：一是读入由网络设备传输过来的数据包，经过拆包，将它变为计算机可以识别的数据，并将数据传输到所需设备中；二是将计算机发送的数据，打包后输送至其他网络设备。

（2）调制解调器 Modem：调制解调器是一种信号转换装置，用于将计算机通过电话线路连接上网，并实现数字信号和模拟信号之间的转换。调制用于将计算机的数字数据转换成模拟信号输送出去，解调则将接收到的模拟信号还原成数字数据交计算机存储或处理。

（3）中继器 Repeater：中继器是互联网中的连接设备，它的作用是将收到的信号放大后输出，既实现了计算机之间的连接，又扩充了媒介的有效长度。它工作在 OSI 参考模型的最低层（物理层），因此只能用来连接具有相同物理层协议的 LAN。

（4）集线器 Hub：集线器的英文名称就是我们通常见到的"Hub"，英文"Hub"是"中心"意思，集线器的主要功能是对接收到的信号进行再生整形放大，以扩大网络的传输距离，同时把所有节点集中在以它为中心的节点上。它工作于 OSI 参考模型第二层，即数据链路层。

（5）交换机 Bridge：交换机是一种在 OSI 参考模型的数据链路层实现局域网互连的设备，用来将两个相同类型的局域网连接在一起，有选择地将信号从一段媒介传向另一段媒介。它在两个局域网段之间对链路层帧进行接收、存储与转发，通过交换机将两个物理网络（段）连接成一个逻辑网络，使这个逻辑网络的行为就像一个单独的物理网络一样。

（6）路由器 Router：路由器处于 OSI 参考模型的网络层，具有智能化管理网络的能力，是互连网重要的连接设备，用来连接多个逻辑上分开的网络，用它互连的两个网络或子网，可以是相同类型，也可以是不同类型，能在复杂的网络中自动选择路径和存储与转发信息，具有比网桥更强大的处理能力。

6.

（1）利用 Modem 接入 Internet。

（2）通过局域网接入 Internet。

（3）利用 ADSL 接入 Internet。

7.

电子邮件程序向邮件服务器发送邮件使用的是简单邮件传输协议 SMTP。电子邮件程序从邮件服务器中读取邮件时，可以使用邮局协议 POP3 或交互式邮件存取协议 IMAP，它取决于邮件服务器支持的协议类型。

8.

从远程计算机拷贝文件至自己的计算机上，称之为"下载（download）"文件。若将文件从自己计算机中拷贝至远程计算机上，则称之为"上传（upload）"文件。

用户通过一个客户机程序连接至在远程计算机上运行的服务器程序。依照 FTP 提供服务，进行文件传送的计算机就是 FTP 服务器，而连接 FTP 服务器，遵循 FTP 与服务器传送文件的计算机就是 FTP 客户端。如果想连接到 FTP 服务器，可以使用 FTP 的客户端软件，通常 Windows 自带"ftp"命令，这是一个命令行的 FTP 客户程序，另外常用的 FTP 客户程序还有 LeapFTP、CuteFTP、Ws_FTP、Flashfxp 等。

习 题 7

一、单项选择题
1．A 2．C 3．A 4．A 5．B 6．A 7．B
8．D 9．B 10．C 11．D 12．C 13．C

二、填空题
1．保密性 完整性 合法性 不可抵赖性 泄露 非授权访问
2．功能 保证
3．数据加密技术 数字签名 防火墙技术
4．对称加密算法（私钥密码体系） 非对称加密算法（公钥密码体系）
5．包过滤 应用代理 状态检测
6．非授权可执行性 传染性 不可预见性

三、问答题
1．

（1）信息安全的产生

信息安全问题的出现有其历史原因，以 Internet 为代表的现代网络技术是从 20 世纪 60 年代美国国防部的阿帕网（ARPAnet）演变发展而形成的。Internet 是一个开放式的网络，不属于任何组织或国家，任何组织或个人都可以无拘无束地上网，整个网络处于半透明状态运行，完全依靠用户自觉维护与运行，它的发展几乎是在无组织的自由状态下进行的。到目前为止，世界范围内还没有出台一个完善的法律和管理体系来对其发展加以规范和引导。因此，它是一个无主管的自

由"王国"，容易受到攻击。

Internet 的自身结构也决定了其必然具有脆弱的一面。当初构建计算机网络的目的是实现将信息通过网络从一台计算机传到另一台计算机上，而信息在传输过程中要通过多个网络设备，从这些网络设备上都能不同程度地截获信息。因此，网络本身的松散结构就加大了对它进行有效管理的难度。

从计算机技术的角度来看，网络是软件与硬件的结合体。而从目前的网络应用情况来看，每个网络上都有一些自行开发的应用软件在运行，这些软件由于自身不完备或是开发工具不成熟，在运行中很有可能导致网络服务不正常或造成网络瘫痪。网络还有较为复杂的设备和协议，保证复杂系统没有缺陷和漏洞是不可能的。同时，网络的地域分布使安全管理难于顾及网络连接的各个角落，因此没有人能证明网络是安全的。

（2）信息安全的目标

信息安全的目标是保护信息的机密性、完整性、抗否认性和可用性。

机密性是指保证信息不被非授权用户访问；即使非授权用户得到信息，也无法知晓信息内容，因而不能使用。通常通过访问控制制止非授权用户获得机密信息，通过加密变换阻止非授权用户获知信息内容。

完整性是指维护信息的一致性，即信息在生成、传输、存储和使用过程中不应发生人为或非人为的非授权篡改。一般通过访问控制阻止篡改行为，同时通过消息摘要算法来检验信息是否被篡改。

抗否认性是指能确保用户无法在事后否认曾经对信息进行的生成、签发、接收等行为，是针对通信各方信息真实同一性的安全要求。一般通过数字签名来提供抗否认性服务。

可用性是指保障信息资源随时可提供服务的特性，即授权用户根据需要可以随时访问所需要的信息。可用性是指信息资源服务功能和性能可靠性的度量，涉及物理、网络、系统、数据、应用和用户等多方面的因素，是对信息网络总体可靠性的要求。

2.

关于计算机犯罪的概念，理论界众说纷纭，大致可分为狭义说、广义说和折衷说3类。

（1）狭义说

狭义说从涉及计算机的所有犯罪缩小到计算机所侵害的单一权益（如财产权、个人隐私权、计算机资本本身或计算机内存数据等）来界定概念。

（2）广义说

广义说是根据对计算机与计算机之间关系的认识来界定计算机犯罪，因此也称关系说，较典型的有相关说和滥用说。相关说认为计算机犯罪是行为人实施的在主观或客观上涉及计算机的犯罪；滥用说认为计算机犯罪是指在使用计算机过程中任何不当的行为。

（3）折衷说

折衷说认为计算机本身是作为犯罪工具或作为犯罪对象出现。在理论界，折衷说主要形成两大派别，即功能性计算机犯罪定义和法定性计算机犯罪定义。功能性计算机犯罪定义是仅仅以严重的社会危害性来确定概念的，而法定性计算机犯罪定义是根据法律法规的规定来确定概念的。

根据目前占主流的折衷说，计算机犯罪是指利用计算机作为犯罪工具或以计算机作为犯罪对象的犯罪活动。

3.

黑客攻击的主要方法有以下几种。

（1）获取口令

获取口令一般有3种方法。

① 攻击者可以通过网络监听非法获得用户口令。这种方法虽然有一定的局限性，但其危害极大，监听者可能获得该网段的所有用户账号和口令，对局域网安全威胁巨大。

② 攻击者在已知用户账号的情况下，可以利用专用软件来强行破解用户口令，这种方法不受网段的限制，但需要有足够的耐心和时间。

③ 攻击者在获得一个服务器上的用户口令文件后，可以利用暴力破解程序破解用户口令，该方法在所有方法中危害最大。

（2）放置特洛伊木马程序

特洛伊木马程序是一种远程控制工具，用户一旦打开或执行带有特洛伊木马程序的文件，木马程序就会驻留在计算机中，并会在计算机启动时悄悄执行。如果被种有木马程序的计算机连接到 Internet 上，木马程序就会通知攻击者，并将用户的 IP 地址及预先设定的端口信息发送给攻击者，使其可以修改计算机的设置、窥视硬盘中的内容等。

（3）WWW 的欺骗技术

WWW 的欺骗技术是指攻击者对某些网页信息进行篡改，如将网页的 URL 改写为指向攻击者的服务器，当用户浏览目标网页时，实际上是向攻击者的服务器发出请求，因此达到了欺骗的目的。此时，攻击者可以监控受攻击者的任何活动，包括账户和口令。

（4）电子邮件攻击

电子邮件攻击主要有两种方式：一种是电子邮件炸弹，是指攻击者用伪造的 IP 地址和电子邮件地址向同一信箱发送大量内容相同的垃圾邮件，致使受害人邮箱被"炸"；另一种是电子邮件欺骗，是指攻击者佯称自己是系统管理员，给用户发送邮件，要求用户修改口令或在类似正常的附件中加载病毒、木马程序等。

（5）网络监听

网络监听是主机的一种工作模式，在这种模式下，主机可以接收本网段同一条物理通道上传输的所有信息。因此，如果在该网段上的两台主机进行通信的信息没有加密，只要使用某些网络监听工具（如 NetXray、Sniffer 等），就可以轻而易举地截取包括账号和口令在内的信息资料。虽然网络监听有一定的局限性，但监听者往往能够获得其所在网段的所有用户账号和口令。

（6）寻找系统漏洞

许多系统都存在安全漏洞，其中有些是操作系统或应用软件本身具有的漏洞，还有一些漏洞是由系统管理员配置错误引起的。无论哪种漏洞，都会给攻击者带来可乘之机，应及时加以修正。

4.

（1）计算机病毒的定义

计算机病毒实际上是一种计算机程序，是一段可执行的指令代码。像生物病毒一样，计算机病毒有独特的复制功能，能够很快地蔓延，又非常难以根除。在《中华人民共和国计算机信息系统安全保护条例》中对计算机病毒进行了明确的定义：计算机病毒是指编制或者在计算机程序中插入的破坏计算机功能或者破坏数据，影响计算机使用并且能够自我复制的一组计算机指令或者程序代码。

（2）计算机病毒的特性

① 传染性

传染性是计算机病毒的基本特性。计算机病毒能通过各种渠道由一个程序传染到另一个程序，从一台计算机传染到另一台计算机，从一个网络传染到其他网络，从而使计算机工作失常甚至瘫痪。同时，被传染的程序、计算机系统或网络系统又成为新的传染源。

② 破坏性

计算机病毒的破坏性主要有两个方面：一是占用系统的时间、空间等资源，降低计算机系统的工作效率；二是破坏或删除程序或数据文件，干扰或破坏计算机系统的运行，甚至导致整个系统瘫痪。

③ 潜伏性

大部分的病毒进入系统之后一般不会立即发作，它可以长期隐藏在系统中，对其他程序或系统进行传染。这些病毒发作前在系统中没有表现症状，不影响系统的正常运行。而一旦时机成熟就会发作，给计算机系统带来不良影响，甚至危害。

④ 隐蔽性

病毒一般是具有很高编程技巧、短小精悍的程序。如果不经过代码分析，感染了病毒的程序与正常程序是不容易区别的。计算机病毒的隐蔽性主要有两个方面：一是指传染的隐蔽性，大多数病毒在传染时速度是极快的，不易被人发现；二是病毒程序存在的隐蔽性，一般的病毒程序都隐藏在正常程序中或磁盘较隐蔽的地方，也有个别的以隐含文件形式出现，目的是不让用户发现它的存在。

此外，计算机病毒还具有可执行性、可触发性、寄生性、针对性和不可预见性等特性。

（3）计算机病毒的分类

目前计算机病毒的种类已达数万余种，而且每天都有新的病毒出现，因此计算机病毒的种类会越来越多。计算机病毒的分类方法较多，通常从破坏性及寄生方式和传染对象进行分类。

① 按破坏性分类

计算机病毒按破坏性分为良性病毒和恶性病毒两种。

良性病毒一般对计算机系统内的程序和数据没有破坏作用，只是占用 CPU 和内存资源，降低系统运行速度。病毒发作时，通常表现在显示信息、奏乐、发出声响或出现干扰图形和文字等，且能够自我复制，因此干扰系统的正常运行。这种病毒一旦清除，系统就可恢复正常工作。

恶性病毒对计算机系统具有较强的破坏性，病毒发作时，会破坏系统的程序或数据，删改系统文件，重新格式化硬盘，使用户无法打印，甚至中止系统运行等。由于这种病毒破坏性较强，有时即使清除病毒，系统也难以恢复。

② 按寄生方式和传染对象分类

计算机病毒按寄生方式和传染对象分为引导型病毒、文件型病毒、混合型病毒及宏病毒 4 种。

引导型病毒主要感染软盘上的引导扇区和硬盘上的主引导扇区。计算机感染引导型病毒后，病毒程序占据了引导模块的位置并获得控制权，将真正的引导区内容转移或替换，待病毒程序执行后，再将控制权交给真正的引导区内容，执行系统引导程序。此时，系统看似正常运转，实际上病毒已隐藏在系统中伺机传染、发作。引导型病毒几乎都常驻在内存中。

文件型病毒是一种专门传染文件的病毒，主要感染文件扩展名为 COM、EXE 等的可执行文件。该病毒寄生于可执行文件中，必须借助于可执行文件才能装入内存，并常驻内存中。

大多数文件型病毒都会把它们的程序代码复制到可执行文件的开头或结尾处，使可执行文件的长度变长，病毒发作时，会占用大量 CPU 时间和存储器空间，使被感染可执行程序执行速度变慢；有的病毒是直接改写被感染文件的程序代码，此时被感染文件长度维持不变，导致被感染文件的功能受到影响，甚至无法执行。

混合型病毒综合了引导型和文件型病毒的特性，既感染引导区又感染文件，因此扩大了传染途径。不管以哪种方式传染，都会在开机或执行程序时感染其他磁盘或文件，它的危害比引导型和文件型病毒更为严重。

宏病毒是一种寄生于文档或模板宏中的计算机病毒，它的感染对象主要是 Office 组件或类似的应用软件。一旦打开感染宏病毒的文档，宏病毒就会被激活，进入计算机内存并驻留在 Normal 模板上。此后所有自动保存的文档都会感染上这种宏病毒，如果其他用户打开了感染宏病毒的文档，宏病毒就会传染到他的计算机上。宏病毒的传染途径很多，如电子邮件、磁盘、Web 下载、文件传输等。

5.

（1）计算机病毒的检测

计算机病毒的检测技术是指通过一定的技术手段判定出计算机病毒的一种技术。计算机病毒检测通常采用人工检测和自动检测两种方法。

人工检测是指通过一些软件工具，如 DEBUG.COM、PCTOOLS.EXE 等进行病毒的检测。这种方法比较复杂，需要检测者有一定的软件分析经验，并对操作系统有较深入的了解，而且费时费力，但可以检测未知病毒。

自动检测是指通过一些查杀病毒软件来检测病毒。自动检测相对比较简单，一般用户都可以操作，但因检测工具总是滞后于病毒的发展，所以这种方法只能检测已知病毒。

实际上，自动检测是在人工检测的基础上将人工检测方法程序化得到的，因此人工检测是最基本的方法。

（2）计算机病毒的清除

一旦检测到计算机病毒就应该立即清除掉，清除计算机病毒通常采用人工处理和杀毒软件两种方式。

人工处理方式一般采用如下的方法：用正常的文件覆盖被病毒感染的文件，删除被病毒感染的文件，对被病毒感染的磁盘进行格式化操作等。

使用杀毒软件清除病毒是目前最常用的方法，常用的杀毒软件有瑞星杀毒软件、江民杀毒软件、金山毒霸和诺顿防毒软件等。但目前还没有一个"万能"的杀毒软件，各种杀毒软件都有其独特的功能，所能处理病毒的种类也不相同。因此，比较理想的清查病毒方法是综合应用多种正版杀毒软件，并且及时更新杀毒软件版本，对某些病毒的变种不能清除，应使用专门的杀毒软件（专杀工具）清除。

6.

（1）防火墙的定义

防火墙在用户的计算机与 Internet 之间建立起一道安全屏障，把用户与外部网络隔离。用户可通过设定规则来决定哪些情况下，防火墙应该隔断计算机与 Internet 的数据传输，哪些情况下允许两者之间的数据传输。

（2）防火墙的功能

① 限制未授权用户进入内部网络，过滤掉不安全服务和非法用户。

② 具有防止入侵者接近内部网络的防御设施，对网络攻击进行检测和告警。

③ 限制内部网络用户访问特殊站点。

④ 记录通过防火墙的信息内容和活动，为监视 Internet 安全提供方便。

（3）防火墙的特性

① 内部网络和外部网络之间的所有网络数据流都必须经过防火墙。

② 只有符合防火墙安全策略的数据流才能通过防火墙。

③ 防火墙自身具有非常强的抗攻击免疫力。

7.

"病毒防火墙"实际上应该称为"病毒实时检测和清除系统"，是反病毒软件的一种工作模式。当病毒防火墙运行时，会把病毒监控程序驻留在内存中，随时检查系统中是否有病毒的迹象，一旦发现有携带病毒的文件，就马上激活杀毒模块。

"网络防火墙"是对存在网络访问的应用程序进行监控。利用网络防火墙可以有效地管理用户系统的网络应用，同时保护系统不被各种非法的网络攻击所伤害。

由此可以看出，病毒防火墙不是对进出网络的病毒等进行监控，它是一种反病毒软件，主要功能是查杀本地病毒、木马等，是对所有的系统应用程序进行监控，由此来保障用户系统的"无毒"环境。而网络防火墙不是监控全部的系统应用程序，其主要功能是预防黑客入侵、防止木马盗取机密信息等。两者具有不同的功能，建议在安装反病毒软件的同时安装网络防火墙。

8.

按照防火墙对内外来往数据的处理方法与技术，可以将防火墙分为两大类：包过滤防火墙和代理防火墙。

（1）包过滤防火墙

包过滤防火墙是指依据系统内置的过滤逻辑（访问控制表），在网络层和传输层选择数据包，检查数据流中的每个包，根据数据包的源地址、目的地址、源端口和目的端口等包头信息来确定是否允许数据包通过。

（2）代理防火墙

代理防火墙又称为代理服务器，是指代表内部网络用户向外部网络服务器请求连接的服务程序，是针对包过滤技术存在的缺点而引入的技术。代理服务器运行在两个网络之间，它对于内部网络的客户机来说像是一台服务器，而对于外部网络的服务器来说，又是一台客户机，因此在内、外部网络之间起到了中间转接和隔离的作用。

第三部分
附　　录

全国高等学校（安徽考区）计算机水平考试《计算机应用基础》教学（考试）大纲

一、课程基本情况

课程名称：计算机应用基础

课程代号：111

参考学时：64 学时（理论 32 学时，上机实验 32 学时）

考试安排：每年两次考试，一般安排在学期期末

考试方式：机试

考试时间：90 分钟

考试成绩：机试成绩

机试环境：Windows 7+Office 2010

设置目的：

随着知识经济和信息社会的快速发展，计算机技术已成为核心的信息技术，掌握和使用计算机已成为人们日常工作和生活的基本技能。《计算机应用基础》作为高等院校计算机系列课程中的第一门必修公共基础课程，学习该课程的主要目的是使学生掌握计算机基础知识、基本操作及常用应用软件的使用，培养学生的信息素养和基本操作技能，具备利用计算机处理实际应用问题的能力，为后续课程的学习及日常应用奠定良好的基础。

二、课程内容与考核目标

第1章 计算机基础知识

（一）课程内容

信息技术的基本概念、计算机的基本概念、计算机系统基本结构及工作原理、计算机中的信

息表示、计算机硬件与软件系统、计算机传统应用与现代应用。

（二）考核知识点

计算机的特点、分类和发展，计算机系统基本结构及工作原理，微型计算机系统的硬件组成及各部分的功能、性能指标，计算机信息编码、数制及其转换，计算机硬件系统，计算机系统软件、应用软件、程序设计语言与语言处理程序，计算机传统应用与现代应用，常用应用软件。

（三）考核目标

了解：信息技术的基本概念，计算机的特征、分类和发展，物联网及其应用，云计算、大数据和计算思维，计算机发展简史、特点及应用领域、性能指标，计算机应用知识（电子商务的基本知识、电子政务的基本知识），常用应用软件。

理解：计算机软件系统（系统软件、应用软件、程序设计语言、语言处理程序）。

掌握：字符的表示（ASCII 码及汉字编码）、计算机系统的硬件组成及各部分功能、微型计算机系统。

应用：计算机开、关机操作、中英文输入。

（四）实践环节

1. 类型

验证。

2. 目的与要求

掌握计算机的开、关机操作，熟悉计算机键盘按键功能、分布及操作指法，熟练应用键盘进行中英文录入。

第 2 章　Windows 操作系统

（一）课程内容

操作系统的基本概念、Windows 的基本概念、Windows 的基本操作、文件管理、管理与控制 Windows、多媒体及多媒体计算机。

（二）考核知识点

操作系统的定义、功能、分类及常用操作系统，Windows 操作系统的特点与功能，Windows 的桌面、开始菜单、任务栏、窗口、对话框和控件、快捷方式，计算机、资源管理器的使用，鼠标的基本操作，文件及文件夹的概念及基本操作，文件属性设置及磁盘管理，剪贴板、回收站及其应用，Windows 环境设置和系统配置（用控制面板设置显示器、鼠标、添加硬件、添加或删除程序、网络设置等），常用附件的使用，常用音频、图像、视频文件及有关处理技术。

（三）考核目标

了解：操作系统、文件、文件夹、多媒体等有关概念，Windows 操作系统的特点及启动、退出方法，附件的使用。

理解：开始菜单、剪贴板、窗口、对话框和控件、快捷方式的作用，回收站及其应用。

掌握：资源管理器的使用，文件、文件夹的操作，控制面板的使用。

应用：利用资源管理器完成系统的软硬件管理，利用控制面板添加硬件、添加或删除程序、进行网络设置等。

（四）实践环节

1．类型

验证、设计。

2．目的与要求

掌握文件及文件夹的基本操作、显示属性的设置、磁盘清理等系统工具的使用方法，掌握使用资源管理器进行系统管理的方法，正确使用控制面板设置个性化工作环境。

第3章　文字处理软件 Word

（一）课程内容

Word 软件的概念、文字编辑、文字格式、段落格式、数学公式、文本框、图片格式、表格编辑、页面设置、文档输出。

（二）考核知识点

Word 的启动和退出，窗体组成、窗体中的菜单及按钮工具的使用，视图的类型，文档的保存、打开，文档内容的编辑，文字的选择，剪贴板的使用，复制、粘贴、移动、查找、替换（内容、格式），超链接设置，文字格式设置、文字修饰效果、格式刷、底纹、边框修饰设置，段落的间距、格式设置，段落的对齐方式，标尺的使用，分栏和首字下沉，数学公式的使用，文本框的编辑与设置，图片的插入、删除与格式设置，表格编辑、格式设置、单元格格式设置，页面设置，文档的打印输出。

（三）考核目标

了解：页面设置、模板、分隔符，样式。

理解：Word 窗体组成，视图及菜单、按钮的使用，文档的打开、保存、关闭，数学公式，文本框，图片的插入、删除及格式设置。

掌握：文字的复制、粘贴、选择性粘贴、移动、查找、替换操作，页面设置，段落格式，分栏和首字下沉，文字格式设置、文字修饰效果、格式刷，底纹、边框修饰设置，图文表混排，表格编辑、格式设置、单元格格式设置，文档的打印输出。

应用：使用文字处理软件创建文档，完成对文档的排版等处理。

（四）实践环节

1．类型

验证、设计。

2．目的与要求

掌握文档创建和保存、文档内容编辑及格式设置、表格创建及格式设置、超链接的设置。

第4章　电子表格处理软件 Excel

（一）课程内容

数据库的基本概念，Excel 的基本概念，工作簿、工作表的管理，工作表数据编辑，单元格的格式设置，公式与函数，单元格的引用，数据清单，图表，页面设置，超链接与数据交换。

（二）考核知识点

数据表、数据库、数据库管理系统、关系数据库，Excel 功能、特点，工作簿、工作表、单元格的概念，工作簿的打开、保存及关闭，工作表的管理，工作表的编辑（各种数据类型的输入、编辑和显示），公式和函数的使用，运算符的种类，单元格的引用，批注的使用，单元格行和列调整，单元格、行、列的插入和删除，行、列的隐藏、恢复和锁定，设置工作表中数据的格式和对齐方式、标题设置，底纹和边框的设置，格式、样式的使用，建立 Excel 数据库的数据清单、数据编辑，数据的排序和筛选，分类汇总及透视图，图表的建立与编辑、设置图表格式，在工作表中插入图片和艺术字，页面设置，插入分页符，打印预览，打印工作表，超链接与数据交换。

（三）考核目标

了解：数据表、数据库、数据库管理系统、关系数据库等基本概念，Excel 的功能、特点。

理解：工作簿、工作表、单元格的概念，单元格的相对引用、绝对引用概念。

掌握：工作表和单元格中数据的输入与编辑方法，公式和函数的使用，单元格的基本格式设置，Excel 数据库的建立、数据的排序和筛选、数据的分类汇总、图表的建立与编辑、图表的格式设置。

应用：使用表格处理软件实现办公事务中表格的电子化，通过 Excel 的数据管理功能实现单一表格的图形显示。

（四）实践环节

1．类型

验证、设计。

2．目的与要求

掌握工作表中的数据、公式和函数的输入、编辑和修改，工作表中数据的格式化设置，数据库的有关操作，图表的建立、编辑及格式化操作。

第 5 章　演示文稿

（一）课程内容

演示文稿的概念、演示文稿的基本操作、演示文稿视图的使用、幻灯片基本操作、演示文稿主题选用与幻灯片背景设置、演示文稿放映设计、演示文稿的打包和打印。

（二）考核知识点

PowerPoint 的功能、运行环境、启动和退出，演示文稿的基本操作，演示文稿视图的使用，幻灯片的版式、插入、移动、复制和删除等操作，幻灯片的文本、图片、艺术字、形状、表格、超链接、多媒体对象等插入及其格式化，演示文稿主题选用与幻灯片背景设置，幻灯片的动画设计、放映方式、切换效果的设置，演示文稿的打包和打印。

（三）考核目标

了解：演示文稿的概念、PowerPoint 的功能、运行环境。

理解：演示文稿视图，演示文稿主题、背景。

掌握：演示文稿的基本操作、幻灯片基本操作、幻灯片基本制作、演示文稿放映设计、演示文稿的打包和打印。

应用：使用演示文稿处理软件处理幻灯片，将幻灯片设计理念和图表设计技能应用到日常学习和生活中。

（四）实践环节

1．类型

验证、设计。

2．目的与要求

掌握创建演示文稿、编辑和修饰幻灯片的基本方法，演示文稿动画的制作、幻灯片间切换效果的设置、超级链接的制作，演示文稿的放映设置。

第6章　计算机网络

（一）课程内容

计算机网络的基本概念、计算机网络的硬件组成、计算机网络的拓扑结构、计算机网络的分类、Internet 的基本概念、Internet 连接方式、Internet 简单应用、常用网页制作工具。

（二）考核知识点

计算机网络的发展、定义、功能，计算机网络的硬件构成，资源子网与通信子网，计算机网络的拓扑结构、计算机网络的分类，局域网的组成与应用，因特网的定义，TCP/IP 协议、超文本及传输协议，IP 地址，域名，接入方式，IE 的使用、阅读与使用新闻组，电子邮件、文件传输和搜索引擎的使用，网页的构成与常用网页工具的基础知识。

（三）考核目标

了解：计算机网络的基本概念、计算机网络的硬件组成，因特网的基本概念、起源与发展，常用网页制作工具。

理解：计算机网络的拓扑结构、计算机网络的分类以及局域网的组成与应用、网页的构成。

掌握：Internet 连接方式、浏览器的简单应用、电子邮件的管理。

应用：掌握网络设备的安装与配置，学会应用 Internet 提供的服务解决日常问题。

（四）实践环节

1．类型

验证、设计。

2．目的与要求

掌握网络连接的建立、IE 浏览器的使用及设置、电子邮件的收发。

第7章　信息安全

（一）课程内容

信息安全的概述、信息安全技术、计算机病毒与防治、职业道德及相关法规。

（二）考核知识点

信息安全的基本概念，信息安全隐患的种类，信息安全的措施，系统硬件和软件维护，Internet 的安全、黑客、防火墙，计算机病毒的概念、种类、危害、防治，计算机职业道德、行为规范和国家有关计算机安全法规。

（三）考核目标

了解：信息及信息安全的基本概念。

理解：信息安全隐患的种类，信息安全的措施，Internet 的安全，计算机职业道德、行为规范、国家有关计算机安全法规。

掌握：病毒的概念、种类、危害、防治。

应用：使用杀毒软件进行计算机病毒防治、使用计算机系统工具处理系统的信息安全问题。

（四）实践环节

1．类型

验证、设计。

2．目的与要求

掌握一种防病毒软件的下载、安装、设置、运行、升级及防火墙的安装，使用系统工具进行信息安全处理。

三、题型

题型	题数	每题分数	总分值	题目说明
单项选择题	30	1	30	
多项选择题	5	2	10	
打字题	1	10	10	300 字左右，考试时间 15 分钟
Windows 操作题	1	8	8	
Word 操作题	1	18	18	
Excel 操作题	1	14	14	
PowerPoint 操作题	1	10	10	

附录 B
Windows 常用快捷键

Windows 常用快捷键及其功能

快捷键	功能
【F1】	显示当前程序或者 Windows 的帮助内容
【F2】	当选中一个文件时，意味着"重命名"
【F3】	搜索
【F5】	刷新
【F10】或【Alt】	激活当前程序的菜单栏
【Delete】	删除所选项目并将其移动到"回收站"
【Shift+Delete】	不先将所选项目移动到"回收站"而直接将其删除
【Ctrl+A】	全选文件夹内的文件
【Ctrl+N】	新建一个文件
【Ctrl+O】	弹出"打开文件"对话框
【Ctrl+P】	弹出"打印"对话框
【Ctrl+S】	保存当前操作的文件
【Ctrl+X】	剪切被选择的项目到剪贴板
【Ctrl+C】	复制被选择的项目到剪贴板
【Ctrl+V】	粘贴剪贴板中的内容到当前位置
【Ctrl+Z】	撤销上一步的操作
【Ctrl+Y】	恢复上一步操作
【Ctrl+F4】	关闭多文档窗口程序中的当前窗口
【Ctrl+F6】	切换到当前应用程序中的下一个窗口（加【Shift】键可以跳到前一个窗口）
【Ctrl + Shift + Esc】	打开任务栏管理器
【Ctrl + Shift + N】	新建文件夹
【Win】键或【Ctrl+Esc】	打开"开始"菜单
【Win +D】	显示桌面
【Win +E】	打开"计算机"

续表

快捷键	功能
【Win +F】	弹出"搜索：所有文件"对话框
【Win +L】	锁定计算机，回到登录窗口
【Win +M】	最小化当前窗口
【Win +Ctrl+M】	重新恢复上一项操作前窗口的大小和位置
【Win +R】	弹出"运行"对话框
【Win +Break】	弹出"系统属性"对话框
【Win +Ctrl+F】	弹出"查找：计算机"对话框
【Shift+F10】或右击	弹出当前活动项目的快捷菜单
【Shift】	插入碟片时按住【Shift】键禁止 CD/DVD 的自动运行。在打开 Word 时按住【Shift】键不放，可以跳过自启动的宏
【Alt+F4】	关闭当前应用程序
【Alt+Space】	打开当前窗口的快捷方式菜单
【Alt+Tab】	在当前运行的窗口中切换
【Alt+Esc】	在当前打开的程序间切换
【Alt+Enter】	将 Windows 下运行的 MS-DOS 窗口在窗口和全屏幕状态间切换
【Print Screen】	将当前屏幕以图像方式复制到剪贴板
【Alt+Print Screen】	将当前活动程序窗口以图像方式复制到剪贴板
【Enter】	对于许多选定命令代替单击鼠标

[1]　朱昌杰，宋万干.大学计算机基础实践教程[M].北京：中国铁道出版社，2009.

[2]　尹建新.大学计算机基础案例教程：Windows 7+Office 2010[M].北京：电子工业出版社，2014.

[3]　柴欣，史巧硕.大学计算机基础实践教程：Windows 7+Office 2010 [M].北京：人民邮电出版社，2014.

[4]　甘勇，尚展垒，梁树军.大学计算机基础实践教程 [M].2 版.北京：人民邮电出版社，2014.

[5]　张青，杨族桥，何中林.大学计算机基础实训教程：Windows 7+Office 2010 [M].西安：西安交通大学出版社，2014.

[6]　吴丽华，冯建平，符策群，等.大学信息技术应用基础上机实验指导与测试 [M].4 版.北京：人民邮电出版社，2015.

[7]　李丕贤，王大鹏，索向峰.大学计算机基础学习指导与上机实践：Windows7+Office 2010 [M].北京：科学出版社，2013.

[8]　邹显春，李盛瑜.大学计算机基础实践教程：Windows 7+Office 2010 [M].北京：高等教育出版社，2014.